REVUE HORTICOLE

FONDÉE EN 1829 PAR LES AUTEURS
DU BON JARDINIER
FUSIONNÉE AVEC "LE JARDIN"
EN 1921

RÉDACTEURS EN CHEF : MM. H. MARTINET & F. LESOURD

NUMÉRO DU CENTENAIRE

CENT ANS D'HORTICULTURE FRANÇAISE

PRIX DU NUMÉRO	France.	Étranger
Abonnés	12 fr.	15 fr.
Non-abonnés	15 fr.	18 fr.

ÉDITÉ PAR
La Librairie Agricole de la Maison Rustique
26, rue Jacob, Paris (6e).

ON RÉCOLTE CE QUE L'ON SÈME....

LES

GRAINES VILMORIN

sont les plus répandues dans le monde entier
parce que des millions de clients satisfaits
trouvent en elles :

QUALITÉ -- LOYAUTÉ
SÉCURITÉ

VILMORIN-ANDRIEUX & Cie

4, quai de la Mégisserie, PARIS (1er)

GRAINES POTAGÈRES ET DE FLEURS — OGNONS A FLEURS

GRAINES D'ARBRES — GRAINES de PLANTES de SERRE et D'ORANGERIE

CATALOGUES FRANCO SUR DEMANDE

89 Médailles - 18 Diplômes d'Honneur
Croix d'Officier du Mérite Agricole.
POUR GREFFER A FROID
et Cicatriser les plaies
des Arbres et Arbustes
EMPLOYEZ
LE
ADOPTÉ ET MÉDAILLÉ PAR LA SOCIÉTÉ NATIONALE D'HORTICULTURE DE FRANCE
MASTIC LHOMME-LEFORT
RECONNU LE MEILLEUR PAR TOUS LES HORTICULTEURS
Nouveautés :
MASTIC LIQUIDE
Spécial pour cicatriser les plaies
S'emploie très facilement avec un pinceau
GLU LHOMME-LEFORT
supérieure à tous les produits employés pour protéger les arbres
contre les ravages des chenilles (chématobie, phalène), vers, etc.
FABRIQUE : 38, RUE DES ALOUETTES, 38 — PARIS

LE CENTENAIRE DE LA REVUE HORTICOLE

par Henry MARTINET

Ingénieur horticole, Architecte-Paysagiste,
Professeur honoraire à l'École nationale d'Horticulture de Versailles,
Ancien Vice-Président de la Société nationale d'Horticulture de France,
Ancien Président de l'Association des anciens élèves de l'École nationale d'Horticulture de Versailles.

C'est un privilège aussi rare qu'appréciable, pour les Rédacteurs en chef d'une publication, que de se trouver en fonctions au moment où celle-ci célèbre son centenaire.

Flattés du rôle qui nous échoit, nous avons estimé, mon ami et collaborateur Lesourd et moi, en plein accord avec les administrateurs de la *Revue horticole*, qu'il était de notre devoir de retracer, en raccourci, dans un numéro spécial, édité à cet effet, le chemin parcouru depuis cent ans par notre Revue, à travers l'histoire de l'Horticulture française et mondiale.

Ce coup d'œil rétrospectif sera d'autant plus intéressant et instructif qu'il fera apparaître nettement les évolutions successives qui ont marqué les progrès de l'Horticulture et le développement considérable que prend chaque jour cette branche de la production terrienne.

Comme la tâche est ardue et qu'elle nécessite de nombreuses recherches, nous avons estimé qu'il convenait de la répartir entre nous et nos principaux collaborateurs.

Mon camarade Lesourd, qui est un chercheur patient et érudit, a bien voulu se charger de noter, sous le titre de : « Un siècle d'Horticulture », les faits marquants et les découvertes principales qui ont jalonné l'histoire de l'Horticulture depuis l'année 1829.

A nos collaborateurs particulièrement qualifiés pour traiter une question spéciale, nous avons demandé de fixer à grands traits, dans des articles dont nous avons dû forcément limiter l'étendue, la situation actuelle de chaque branche de l'Horticulture, ce qui servira de point de repère aux historiens de l'avenir.

Enfin, à moi incombe le soin d'établir le bilan des principaux faits qui ont marqué la vie de notre journal, depuis sa fondation. Ce travail, qui m'a procuré le vif plaisir de consulter la collection complète des tomes de notre publication soigneusement conservée par la Librairie agricole, m'a été d'ailleurs facilité par la notice publiée le 1er janvier 1901, par M. L. Bourguignon, qui fut Directeur de la *Revue* de 1872 à 1911.

HISTORIQUE DE LA REVUE HORTICOLE
1829-1929

La *Revue horticole* est née de la pensée qu'ont eue les rédacteurs du *Bon Jardinier*, Poiteau et André de Vilmorin, de renseigner, mieux et plus rapidement qu'ils ne pouvaient le faire dans une publication annuelle, les « praticiens et toutes les personnes intéressées à se tenir au courant des nouveautés et des perfectionnements qui s'introduisent successivement dans les diverses branches de l'Horticulture ».

Déjà, en 1825, l'édition du *Bon Jardinier* comportait, sous le titre de « Nouvelles d'Horticulture », une sorte de préface qui comptait 21 pages.

Dans l'édition suivante, de 1826, cette préface, portée à 35 pages, prenait, pour la première fois, le titre de : *Revue horticole* et c'est cette même appellation que nous trouvons dans l'édition de 1827, avec 45 pages et dans celle de 1828, avec 45 pages également.

Enfin, en 1829, la chrysalide avait terminé son évolution et la *Revue horticole* paraissait au grand jour, sous sa forme définitive de « publication périodique » paraissant quatre fois par an, en petits « cahiers » de 48 pages du format du *Bon Jardinier*, soit 18 centimètres de haut sur 11 centimètres de large.

Sur cette édition, comme sur celles des deux années suivantes, les noms de Poiteau et de Vilmorin figurent seuls comme rédacteurs, mais, dès l'année 1832, et non en 1838, comme M. Bourguignon l'a indiqué, par erreur, nous voyons s'ajouter à ces deux noms ceux de « Decaisne, professeur de culture, Neumann, chef des serres, Pépin, chef de l'École botanique au Jardin des Plantes, membres de la Société royale d'Horticulture, etc... »

Voici, d'ailleurs, l'ordre dans lequel se sont succédé les Rédacteurs en chef et les Secrétaires de la Rédaction de la *Revue horticole*, depuis sa fondation :

Fondateurs-Directeurs :

de 1829 à 1831 : Poiteau et Vilmorin (rédacteurs du *Bon Jardinier*).

Rédacteurs en chef :

de 1832 à 1851 : Poiteau, Vilmorin, Decaisne Neumann, Pépin,
de 1852 à 1855 : J. Decaisne,
année 1856 : Du Breuil,
de 1857 à 1858 : Victor Borie,
de 1859 à 1866 : J. A. Barral,
de 1867 à 1881 : E. A. Carrière,
de 1882 à 1896 : E. A. Carrière et Ed. André
de 1897 à 1907 : Ed. André,
de 1907 à 1912 : Ed. André et D. Bois,
de 1912 à 1918 : D. Bois,
de 1919 à 1921 : D. Bois et F. Lesourd,
de 1921 à 1929 : H. Martinet et F. Lesourd.

Secrétaires de la Rédaction :

de 1902 à 1907 : G. T. Grignan (officieusement),
de 1907 à 1917 : G. T. Grignan (officiellement),
de 1921 à 1929 : Ch. Arranger.

Si un fait matériel peut permettre de constater un progrès, on verra d'un coup d'œil le développement qu'a pris la *Revue horticole*, au cours des années, par les agrandissements successifs de ses formats qui ont été les suivants :

de 1829 à 1851, format du *Bon Jardinier* : 18 cm. de haut sur 11 cm. de larg.,
de 1852 à 1860, format de 22 cm. de haut sur 13 cm. de large,

Antoine Poiteau.

André de Vilmorin.

En 1829 : Directeurs-fondateurs de la *Revue horticole.*

Phot. G. L. Manuel frères.

Henry Martinet.

Félicien Lesourd.

En 1929 : Rédacteurs en chef de la *Revue horticole.*

de 1861 à 1900, format de 26 cm. de haut sur 16 cm. de large,

de 1901 à 1929, format de 27 cm. de haut sur 18 cm. 5 de large.

Il y a donc vingt-neuf ans que la *Revue horticole* est publiée sous son format actuel, qui, autant qu'on peut préjuger de l'avenir, paraît être définitif.

Les premières planches en couleur ont paru dans la seconde partie du tome 4, qui réunit les séries d'avril 1841 à mars 1844, et plus exactement dans le numéro d'avril 1843.

Mais, dès le début, les cahiers comprenaient quelques planches noires, peu nombreuses d'ailleurs, qui figuraient principalement des outils, et des plans et coupes de serres.

A partir de 1829 et pendant quelques années, les éditions du *Bon Jardinier* ont conservé, sous le titre de *Revue horticole*, une préface, qui, en 1832, était composée d'extraits de la *Revue horticole* elle-même.

Et, dès 1830, était inséré, en tête de cette revue, un

« Prospectus
de la *Revue horticole* »,

« Journal des jardiniers et amateurs » dont le prix d'abonnement était de 2 fr. 25 par an, port compris.

Heureux temps!

La première table des matières de la *Revue* fut publiée en 1830.

Dans la collection, probablement unique, conservée par les Directeurs successifs de la *Revue horticole*, le tome I comprend la période comprise entre avril 1832 et mars 1834; le tome II, s'étend d'avril 1834 à mars 1838; le tome III, qui a disparu, et que nous serions heureux de retrouver, va d'avril 1838 à mars 1841, et le tome IV va d'avril 1841 à mars 1844.

Depuis janvier 1839, les cahiers ou livraisons étaient devenus mensuels et le nombre des pages ayant été progressivement augmenté, le tome V, qui ne comprend plus qu'une année, avril 1844 à mars 1845, forme déjà à lui seul un volume semblable aux précédents. Le tome VI commence encore en avril 1845, pour finir en avril 1846, mais le tome VII, qui part d'avril 1846, se termine en décembre de la même année. A partir de 1847, les années d'édition commencent en janvier pour finir en décembre.

Depuis deux ans déjà, c'est-à-dire depuis 1845, les livraisons, de mensuelles étaient devenues bi-mensuelles, et elles conservèrent cette périodicité jusqu'au cataclysme de 1914. Les progrès matériels de notre publication, pendant cette longue période, se manifestèrent donc par l'agrandissement des formats et l'augmentation du nombre des pages des livraisons.

Du 16 août 1914 à la fin de cette même année, la *Revue* cessa de paraître, sans qu'il soit besoin de justifier cette interruption; mais, à partir du 16 janvier 1915, elle se remit à l'œuvre avec une périodicité mensuelle, comportant 20 pages, jusqu'en 1919, et ensuite 24 pages, avec de temps à autre, des numéros exceptionnels de 32 pages, publiés à l'occasion des grandes expositions horticoles.

J'ai dit, plus haut, que la première planche en couleurs avait paru en avril 1843. Saluons la au passage : il s'agissait du *Daubentonia Tripetii*, arbrisseau de la famille des Légumineuses, dédié à un célèbre horticulteur de l'époque, J. J. Tripet. Dans ce même numéro paraissait la planche coloriée du *Paulownia imperialis*.

La série de ces planches, que nous n'admirerions guère aujourd'hui, mais qui, à l'époque, durent faire sensation, fut continuée jusqu'en 1856.

Il serait fastidieux d'en donner ici la liste complète, mais je crois néanmoins intéressant d'en citer quelques-unes parmi les plus marquantes :

Dans le tome IV, d'avril 1841 à mars 1844, le *Paulownia imperialis*.

En 1844-1845, l'*Habrothamnus elegans* et le *Bignonia cherere*.

En 1845-1846, le *Bignonia grandiflora*, var. *atropurpurea*, l'*Aristolochia gigas*, l'*Hibiscus syriacus*, le *Coreopsis præcox*.

En 1846, le *Tillandsia splendens*, le *Gladiolus gandavensis*, le *Buddleya Lindleyana*, la Prune *Reine Claude de Bavay*.

En 1847, le *Passiflora alato-cærulea*, le *Victoria regia*, l'*Abelia floribunda*.

En 1848, le *Lobelia Ghiesbreghtii*.

En 1849, l'*Indigofera Dosua*, la Poire *Beurré Clairgeau*, le *Weigelia rosea*.

Joseph Decaisne.

J. A. Barral.

Joseph Neumann.

Alphonse du Breuil.

En 1850, le *Bougainvillea spectabilis,* les Chrysanthèmes de l'Inde, le *Lapageria rosea.*

En 1851, le *Cypripedium guttatum,* le *Phlox Drummondi.*

En 1852, année où le format fut pour la première fois agrandi, l'*Anemone japonica,* le *Perilla nankinensis.*

En 1853, l'*Akebia quinata.*

En 1854, l'*Azalea amœna,* le *Cereus giganteus.*

En 1856, le *Poinciana Gilliesi,* le *Vanda teres.*

En 1857, la *Revue horticole* cessa, jusqu'en janvier 1861, d'annexer des planches en couleurs à ses livraisons.

Diminution, recul? Non pas. Il s'était tout simplement produit un fait d'une importance capitale pour notre publication. Celle-ci avait pu, en effet, s'annexer une étoile de première grandeur, tombée du firmament des arts, en s'assurant la collaboration du grand, de l'inimitable dessinateur Riocreux.

Jusqu'alors, la *Revue* n'avait intercalé dans son texte que de rares planches noires dessinées d'une façon que nous qualifierions aujourd'hui d'un peu primitive. Avec les gravures sur bois de Riocreux, d'un dessin et d'un relief impeccables, tout change et c'est pourquoi, le remplacement pendant quatre ans, des planches en couleurs par de nombreuses et très belles figures noires infusa un sang nouveau à notre organe.

En 1861, coïncidant avec une nouvelle augmentation du format, la publication d'une planche en couleurs dans chaque livraison fut reprise pour être continuée jusqu'à ce jour sans interruption.

Mais aussi avec quelle perfection !

La collection des planches coloriées de la *Revue horticole* est incomparable, car, dans sa variété, elle a embrassé toutes les plantes cultivées offrant un intérêt réel, scientifique ou utilitaire, au moment où chacune d'elles a paru.

Et cette perfection est due, non seulement au talent des artistes qui ont dessiné les aquarelles originales; Riocreux, Godard, de Longpré, Mme Descamps-Sabouret, Hugard, A.-L. Clément, Mme J.-R. Guillot, Millot, Séguin-Bertault, Eudes, Mlle Buisson, etc... ; mais aussi aux soins exceptionnels apportés par des imprimeurs consciencieux : Jacob et Pigelet d'Orléans; Goffart, de Bruxelles; Maretheux, Damien et Davy, de Paris.

J'en aurai fini avec cet examen, forcément un peu sec et aride, du côté matériel des choses, lorsque j'aurai rappelé qu'en juillet 1921, le *Jardin,* auquel j'avais consacré avec passion, près de 30 années de ma jeunesse, et qui était édité par la Librairie horticole que j'avais fondée, fusionna avec la *Revue horticole.* Les deux publications avaient été éprouvées par la grande tourmente de la guerre; leurs directions avaient toujours entretenu entre elles des relations courtoises et de bonne confraternité; le rapprochement était donc facile et fut effectué. Et, pour ma part, je le déclare sans arrière pensée, j'estimai la solution heureuse. Mes enfants, le *Jardin* et le *Petit jardin illustré,* que, sans ces circonstances, je n'aurais jamais abandonnés, se fondaient dans une grande famille, aux nobles traditions, dans laquelle j'entrais moi-même.

C'est dire que j'appréciai à toute sa valeur l'honneur qui me fut fait lorsque je fus invité à m'asseoir, à côté de mon ami Lesourd, dans l'un des fauteuils qui avaient été occupés, avant nous, par tant de savants et de praticiens illustres.

L'ŒUVRE DE LA REVUE HORTICOLE

L'œuvre de la *Revue horticole?* Elle est celle d'une collaboration constante, dévouée et féconde avec les savants, les professionnels et les amateurs de tous pays, en vue d'assurer les progrès et le développement de l'Horticulture en général. Et l'on peut dire, non sans une légitime fierté, que le but visé a été pleinement atteint.

L'activité de la *Revue horticole* s'est exercée, en effet, dans tous les domaines : vulgarisation des plantes intéressantes et des meilleurs procédés de culture, recherches scientifiques, expérimentation et contrôle des découvertes dues aux patientes observations et même aux procédés empiriques des praticiens, description des espèces et variétés nouvelles, amélioration du matériel et de l'outillage résultant des découvertes réalisées dans les autres domaines, adaptation des méthodes de culture aux constatations de la science météorologique, utilisation des perfectionnements apportés dans les moyens de transport de plus en plus rapides et des possibilités offertes pour la conservation des produits, par les nouveaux appareils de réfrigération, allant jusqu'à permettre de profiter de l'opposition des saisons dans les deux hémisphères pour faire des échanges d'un antipode à l'autre, maladies des plantes, destruction des insectes nuisibles, etc...

Aucune découverte, aucun progrès intéressant la science horticole n'ont échappé à la *Revue horticole,* qui a toujours interprété et commenté les faits dans un esprit didactique et indépendant.

En pouvait-il être autrement avec les hommes qui étaient à sa tête?

Poiteau et André de Vilmorin, qui avaient déjà fait amplement leurs preuves au *Bon jardinier*, étaient des praticiens instruits, de judicieux observateurs pleins de bon sens, animés du généreux désir de vulgariser leurs connaissances. Bientôt renforcés par Decaisne, Neumann et Pépin, ils donnèrent

ÉLIE-ABEL CARRIÈRE.

ÉDOUARD ANDRÉ.

de suite à la *Revue horticole* le caractère d'une publication à la fois scientifique et pratique qu'elle a toujours su conserver depuis.

Une mention spéciale doit cependant être faite pour Joseph Decaisne (né en 1807, mort en 1882) qui n'avait que vingt-cinq ans lorsqu'il commença à collaborer à la *Revue horticole.* D'abord préparateur au Muséum d'Histoire naturelle, il professa dès 1833 au Collège de France et fut en 1850 nommé professeur de culture au Muséum d'Histoire naturelle, où il marqua une empreinte qui n'est pas encore effacée et qui lui valut d'entrer à l'Académie des Sciences. Il contribua puissamment à imprimer à la *Revue horticole* dès ses débuts, un caractère de haute tenue pour la nomenclature botanique qui la fit classer parmi les publications auxquelles se réfèrent toujours les savants du monde entier. D'ailleurs, les érudits rédacteurs en chef de la *Revue horticole* ne s'en tenaient pas à leurs seules connaissances et ils ne manquèrent pas de faire appel à la collaboration des plus hautes compétences en matière de botanique et de jardinage. C'est ainsi que dans la première série de la *Revue horticole,* nous trouvons des articles signés de : Ad. Brongniart, Mme Aglaé Adanson, d'Albret, E.-A. Carrière, Camuzet, Prosper Deville, Delaire, Hardy, Hérincq, Hooker, Héricart de Thury, Jacques, Pierre Joigneaux, Adrien de Jussieu, Keteleer, Élysée Lefèvre, Ch. Lemaire, Lecoq, Moll, Ch. Morren, Ch. Naudin, Noisette, Puvis, Sageret, Dr Turrel, Turpin, Tougard, Van Mons, Vibert, Victor Verdier, Ysabeau, et ces noms seuls suffisent à indiquer en quel honneur les questions scientifiques ont été tenues, presque dès le début, à la *Revue horticole*.

En 1856, Du Breuil (né en 1811 mort en 1890) succéda à Decaisne qui était resté seul rédacteur en chef de 1852 à 1855. Du Breuil, qui fut professeur au Conservatoire des Arts et Métiers et qui enseigna l'Horticulture, l'Arboriculture et la Viticulture à l'Institut Agronomique dès sa fondation, n'exerça toutefois ses fonctions de rédacteur en chef à la *Revue horticole* que pendant une année.

Il fut remplacé en 1857 par Victor Borie (né en 1818 mort en 1880) qui lui-même ne resta que pendant 2 années à la tête de notre publication. Il était, en effet, très absorbé par ses autres occupations de Directeur du Comptoir d'escompte, de maire du VIe arrondissement de Paris, etc...

A Victor Borie succéda en 1859 J.-A. Barral (né en 1819, mort en 1884) chimiste et agronome, ingénieur des tabacs qui le premier trouva le moyen d'isoler la nicotine, dont on le sait, l'usage s'est très répandu dans l'Horticulture, et qui fut secrétaire perpétuel de la Société centrale d'Agriculture devenue aujourd'hui l'Académie d'Agriculture. A vrai dire, Barral était plutôt un savant agronome qu'un véritable horticulteur, mais il était entouré d'une pléïade de collaborateurs spécialisés dans toutes les branches de l'Horticulture parmi lesquels nous relevons les noms suivants : Ed. André, Boncenne, Boisselot, Carrière, Dupuis, Léon Gruas, Gustave Heuzé, Groenland, de Guaita, Jules Guyot, Hardy, Hélye, Houllet, Lachaume, Laujoulet, de Lambertye, de Mortillet, Pépin, Louis Verrier, F. Sahut et les Vilmorin qui, à travers les générations, se sont succédé à la tête de la grande Maison connue du monde entier, et n'ont jamais cessé de collaborer à la *Revue horticole* depuis sa fondation jusqu'à ce jour.

En 1867, la rédaction en chef de la *Revue horticole* était confiée à E.-A. Carrière (né en 1818 mort en 1896) que nous avons personnellement connu et qui pendant une longue période, jusqu'en 1896, c'est-à-dire pendant 30 années, apporta une contribution énorme de savoir et d'observation à notre organe. Carrière était chef de culture du Muséum d'Histoire naturelle, où il trouvait un champ inépuisable de découvertes et d'observations. Son nom est trop populaire dans l'Horticulture pour qu'il soit besoin de s'étendre longuement sur les éminents services qu'il a rendus à la cause de l'Horticulture.

Comme Édouard André (né en 1840, mort en 1911), Carrière qui, à partir de 1882 jusqu'en 1896, partagea avec lui la rédaction en chef, eut la bonne fortune de vivre à une époque où l'Horticulture fit certainement les plus rapides progrès grâce au développement des moyens de voyage et de transport dus à la création des chemins de fer et à la navigation à vapeur. Des nouvelles contrées jusqu'alors à peu près inconnues étaient découvertes et explorées ; leurs flores étaient mises à contribution et chaque année les collections de plantes ornementales et utilitaires s'enrichissaient de nombreux sujets dont certains furent décrits pour la première fois dans la *Revue horticole*.

Pour la diffusion de ces plantes, Édouard André qui, après la mort de Carrière devint seul rédacteur en chef de 1897 à 1907, joua un rôle prépondérant. Doué d'une intelligence très vive, ayant acquis par un travail constant une large érudition, il avait lui-même exploré et fait explorer diverses régions du Nord de l'Amérique du Sud, notamment la Colombie, d'où il avait introduit de nombreuses espèces et variétés nouvelles d'Orchidées, de Broméliacées, d'Aroïdées des plus connues et certaines tout à fait remarquables comme l'*Anthurium Andreanum*. E. André était également un architecte-paysagiste de talent qui, tant par ses travaux que par ses publications, a fait progresser l'art paysager.

En dehors de Carrière et d'Édouard André, la *Revue horticole* comptait parmi ses principaux collaborateurs : Duchartre, Charles Naudin, J.-B. et Bernard Verlot, Charles Baltet, Dybowski, F. Morel, Lambert, J. Curé, Jules et Eugène Vallerand, Numa Schneider, Louis Mangin, Pierre Lesne, Pierre Passy, D. Bois, Jean Sisley, Poisson, Franchet, Marc Micheli, Cogniaux, Henri et Maurice de Vilmorin, Dr Weber, Alfred Bleu, le Dr Em. Bailly, H. Correvon, Louis Lhérault, Ch. Maron, Millet Fils, H. Rigault, Anatole Cordonnier, Fatzer, R. Salomon, Blanchard, Carbou, Catros-Gérand, le comte de Castillon, Gagnaire, W. Gumbleton, R. Rolland - Gosselin, d'Ounous, Georges Gibault, Rafarin, Neumann, A. Truffaut, Ringelmann, René-Ed.-André, Auguste Chantin, Louis Henry, J. Gérôme.

Désiré Bois.

En 1907, Édouard André, dont la santé était devenue chancelante, se fit adjoindre comme co-rédacteur en chef notre excellent ami, M. D. Bois qui, grâce à son long séjour au Muséum d'Histoire naturelle où il occupe encore actuellement les hautes et si honorables fonctions de professeur de Culture, avait su acquérir les connaissances les plus étendues dans le domaine de la botanique et de la culture. M. Bois, qui avait entrepris lui-même des voyages d'études dans les régions tropicales, principalement en Indo-Chine et en Malaisie, fit profiter non seulement les lecteurs de la *Revue horticole* du fruit de ses études, mais aussi les membres de nombreuses Sociétés scientifiques et pratiques, telles que la Société de Botanique, la Société nationale d'Horticulture de France, dont il rédigea les bulletins pendant de nombreuses années. Le nombre des ouvrages et brochures qu'il a publiés est considérable, et le *Potager d'un Curieux* fait en collaboration avec Paillieux, est certainement l'un des plus intéressants.

Charles Arranger.

Après la mort d'Édouard André en 1912, M. D. Bois resta seul rédacteur en chef jusqu'en 1918. A cette époque, ses fonctions au Muséum l'absorbant de plus en plus, il s'adjoignit comme co-rédacteur en chef M. F. Lesourd avec lequel il continua à collaborer jusqu'au 1er juillet 1921, date à laquelle je fus appelé à prendre sa succession, en collaboration avec mon ancien élève et camarade F. Lesourd.

Ce dernier qui, fort heureusement, est toujours en fonction, ne me pardonnerait pas de faire ici de lui un trop vif éloge, mais je puis bien cependant énumérer ses titres : ancien élève diplômé des Écoles nationales d'Agriculture de Rennes, et d'Horticulture de Versailles et à la fois ingénieur agricole, ce qui lui permet de rédiger avec une parfaite compétence la *Gazette du Village,* et ingénieur horticole, titres qui justifient pleinement sa présence à la *Revue horticole;* grand travailleur, chercheur infatigable, il a acquis, je l'ai déjà dit plus haut, une vaste érudition que mieux que personne je suis à même d'apprécier, car c'est surtout sur ses épaules que porte la tâche de rédacteur en chef, à laquelle mes nombreuses occupations et fréquents voyages ne me permettent pas de consacrer autant de temps qu'il me serait agréable de le faire.

Nous avons l'un et l'autre la bonne fortune d'être efficacement secondés dans notre tâche par une pléïade incomparable de collaborateurs, tous nos amis, dont la plupart sont de nos anciens camarades de l'École nationale d'Horticulture de Versailles. Il est quelquefois dangereux de citer des noms lorsqu'il s'agit de vivants, car on s'expose à faire ainsi des oublis involontaires, néanmoins ceux qui sont toujours à la tâche devant être aussi à l'honneur, lorsque comme aujourd'hui l'occasion s'en présente, il convient de donner la liste de nos collaborateurs les plus fidèles sur lesquels nous savons toujours pouvoir compter et qui sont une force sans cesse renouvelée pour notre publication :

Ch. Arranger, secrétaire de la rédaction, et par conséquent, un collaborateur de tous les instants, Louis Aubin, Georges Bellair, F. Blot, G. Bultel, L. Billaudelle, Ferdinand et Henri Cayeux, F. Charmeux, L. Chasset, Léon Chenault, G. Clément, Cochet-Cochet, H. Correvon, M. Cormier, L. Cuny, D. Bois, E. Daveau, H. Decault, J. Delafon, Ch. Duricz, Durivault, V. Enfer, J.-C.-N. Forestier, J. Foussat, Edmond François, G. Gibault, A. Guillaumin, E. Jahandiez, F. Laplace, Laumonnier-Férard, Lécolier, Le Graverend, Jules Lochot, A. Loizeau, J.-P. Marque, M. Marcel, E. Mauriceau, A. Meunissier, F. Mornay, S. Mottet, L. E. Moulinot, A. Nomblot, A. Nonin, O. Opoix, Pierre Passy, A. Petit, J. Pinelle, C. Potrat, Dr Proschowsky, Ringelmann, la pléïade des Rivoire, de Lyon, Routier, J. Sallier, Simonet, Sabourin, Turbat, M. Vacherot, J. Vercier, Jacques et Roger de Vilmorin, R. Volut, Émile Lemoine, etc.

C'est grâce à tous ces précieux concours recrutés dans les milieux scientifiques et professionnels les plus variés, que la *Revue horticole*, plus jeune que jamais, peut continuer sans faiblir à assumer la tâche qui fut entreprise il y a cent ans par Poiteau et Vilmorin, et envisager l'avenir avec confiance au seuil du deuxième siècle dans lequel elle va entrer.

H. Martinet

UN SIÈCLE D'HORTICULTURE

(1829-1929)

par Félicien LESOURD

Ingénieur horticole, Ingénieur agricole,

Rédacteur en chef de la « Revue Horticole » et de la « Gazette du Village ».

* * *

Au moment où la **Revue horticole** *entre dans sa cent unième année, après un siècle d'existence consacrée à la diffusion de l'Horticulture et à la défense de ses intérêts, il m'est agréable d'inviter les lecteurs à me suivre. Je me propose de leur montrer les principaux progrès réalisés de 1829 à 1929 dans les différentes branches de l'Horticulture. Plus heureux que les écrivains des siècles précédents, nous avons aujourd'hui, grâce à la* **Revue horticole** *et aux nombreux ouvrages publiés depuis sa création, la possibilité de reconstituer l'histoire de l'Horticulture française durant le siècle qui vient de s'écouler; nous pouvons, en quelque sorte, suivre pas à pas et mesurer le chemin parcouru. Cette étape a été, incontestablement, l'une des plus brillantes de notre Horticulture. Aussi, les horticulteurs actuels ont le droit de s'enorgueillir de la tâche accomplie par ceux qui les ont précédés dans la carrière et dont ils sont, je me plais à le déclarer ici, les dignes continuateurs.*

LES LÉGUMES ET LES CULTURES LÉGUMIÈRES

D'une année à l'autre, les progrès de la culture potagère paraissent peu nombreux et peu marqués. Lorsqu'on embrasse l'espace d'un siècle, on voit, au contraire, que peu de branches de l'Horticulture ont subi des transformations aussi importantes que celles enregistrées tant dans les légumes cultivés que dans la technique de la culture.

Les légumes nouveaux.

Des légumes nouveaux, de provenance indigène ou, le plus souvent, d'origine étrangère, ont été introduits dans la culture. Pendant la première moitié du XIXe siècle, il faut citer la Tétragone (*Tetragonia expansa*) et le Quinoa (*Chenopodium Qui-*

Tétragone cornue.

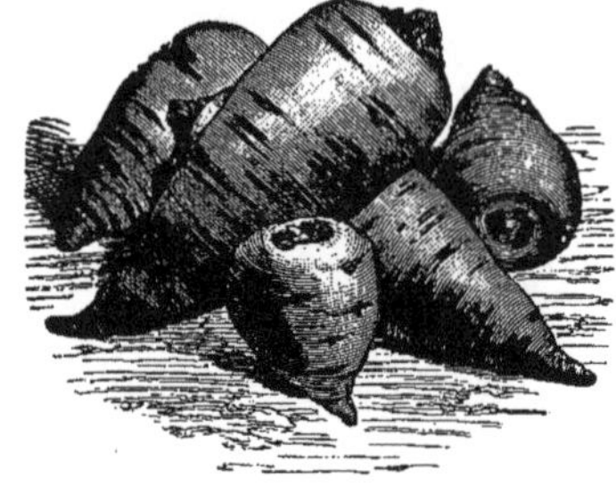

Cerfeuil tubéreux.

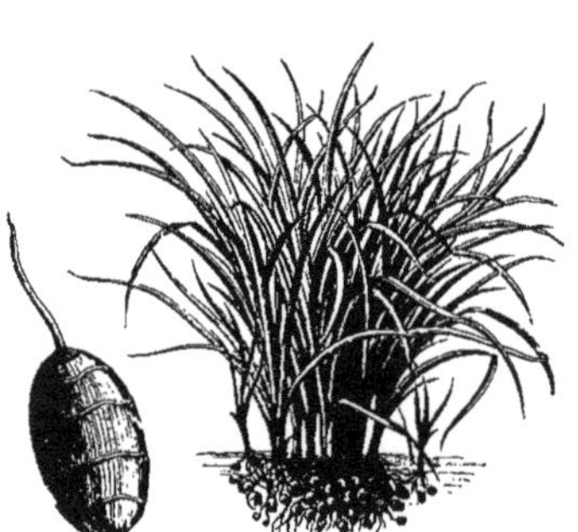

Souchet comestible.

Scolyme d'Espagne.

Pissenlit amélioré géant.

Crosne du Japon.

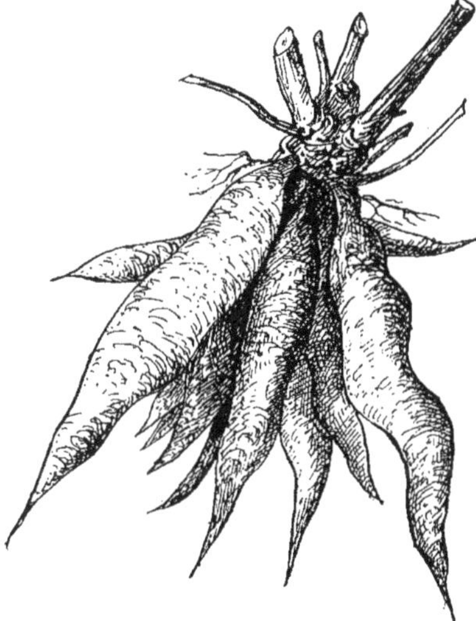

Poire de terre (*Polymnia edulis*).

Witloof.

Igname de la Chine.

Ovidius (*Crambe tatarica*).

Claytone perfoliée.

Hélianti.

Chou de Bruxelles demi-nain de la Halle.

noa), deux succédanés de l'Épinard. A ces légumes foliacés, nous avons à ajouter le Cerfeuil bulbeux (*Chærophyllum bulbosum*), le Cerfeuil de Prescott (*Chærophyllum Prescottii*), le Scolyme d'Espagne (*Scolymus hispanicus*), le Souchet comestible (*Cyperus esculentus*), l'Igname de Chine (*Dioscorea Batatas*), tous légumes dont on consomme la partie souterraine. La culture de la Claytone perfoliée (*Claytonia perfoliata*), utilisée en salade, a été proposée. On a cherché à développer en France la culture du Crambé maritime ou Chou marin (*Crambe maritima*) et celle des Rhubarbes (*Rhæum*), si florissantes en Angleterre, mais ces légumes ne se sont pas répandus et restent confinés dans le jardin de l'amateur. L'origine de la culture du Champignon de couche dans les carrières remonte à la date de la naissance de la *Revue horticole;* les premières cultures furent établies vers 1825 dans les carrières de Passy et de Montrouge, près de Paris. C'est également au début du XIXe siècle qu'ont été créées, dans l'Oise, les premières cressonnières industrielles. Le Pissenlit, transféré des champs dans les jardins, a donné une salade très appréciée; cette culture ne s'est guère répandue qu'à partir de 1875. Le début des grosses Fraises (Fraisiers hybrides à gros fruits) date de 1824, époque à laquelle furent importées les premières variétés anglaises; elles remplacèrent plus tard les Fraises *Ananas* qui approvisionnaient seules le marché de Paris en 1828. Le Chou de Bruxelles, introduit à la fin du XVIIIe siècle, mais peu estimé, puis oublié, a été réintroduit de Belgique et définitivement adopté par la culture; toutefois, ce n'est que dans la seconde moitié du XIXe siècle qu'il s'est largement propagé.

La seconde moitié du XIXe siècle a été moins féconde en nouveautés. Cependant, elle a doté nos potagers de deux légumes importants : l'Endive ou Witloof, provenant du forçage de la Chicorée à grosse racine et le Crosne du Japon (*Stachys affinis*); aujourd'hui, ces deux légumes se rencontrent couramment sur les marchés pendant la saison d'hiver. Une découverte qui fit sensation marqua la fin du XIXe siècle : celle des Fraisiers à gros fruits remontants. C'est à l'abbé Thivolet que revient l'honneur d'avoir produit, en France, en 1893, la première variété vraiment remontante ou perpétuelle, la *Saint-Joseph*. Durant la seconde moitié du XIXe siècle, l'excellent Melon *Cantaloup*, côtelé, a remplacé le médiocre Melon maraîcher, brodé. Les Haricots *Beurre*, introduits en France vers 1835, ont pris une large place dans la culture, ainsi que les *Flageolets* à grain vert, déjà recherchés en 1863 sur les marchés. A partir de 1875, l'Asperge, jusque-là cantonnée dans les potagers, a débordé leur cadre étroit pour s'étendre dans les champs. La culture des variétés de Maïs sucrés, si estimées en Amérique, recommandée d'abord en 1877 et, ensuite, à plusieurs reprises, notamment vers 1914-1918, ne s'est pas généralisée.

Quelques nouveaux légumes ont été proposés depuis le commencement du XXe siècle. M. Curé a réussi à cultiver avec succès le Pé-tsaï ou Chou de la Chine (*Brassica sinensis*) sur lequel des essais infructueux avaient été entrepris le siècle précédent. En 1905, on a signalé un légume-racine, l'Hélianti (*Helianthus decapetalus*) et en 1904, un légume dont on consomme les feuilles cuites, ou bien crues en salade, l'Ovidius (*Crambe tatarica*). A la fin de 1928, M. Henri Lemoine a préconisé la culture du *Polymnia edulis*, dont les tubercules sont excellents.

Deux cultures légumières seulement ont été abandonnées de 1829 à 1929 : celle de la Patate, à la mode sous le premier Empire et même un peu plus tard, puis celle de l'Ananas, qui a succombé à la fin du XIXe siècle devant les importations étrangères. Les gains ont été, on le voit, beaucoup plus nombreux que les pertes, mais parmi les nouveaux légumes introduits, il en est dont l'importance est tout à fait secondaire. La sélection des espèces les plus utiles a été accomplie depuis longtemps dans la nature, par les premiers hommes, au début de la civilisation. On ne connaît aucun exemple d'introduction récente d'espèce légumière ayant une utilité de premier ordre. Dans les temps modernes, les efforts des hommes se sont portés principalement sur l'amélioration des plantes anciennement cultivées. Ces efforts ont été réellement énormes depuis cent ans, en France, ainsi qu'en font foi les très nombreuses et remarquables variétés de légumes vendues aujourd'hui par les marchands grainiers.

Les progrès de la culture maraîchère.

Après avoir jeté un coup d'œil sur les légumes nouveaux, il convient d'esquisser l'évolution de la culture maraîchère pendant le siècle écoulé. Le maraîcher, ce travailleur obscur, est bien « l'orfèvre de la terre » dont parlait Claude Mollet, premier jardinier

Ancien arrosoir des maraîchers.

de Henri IV, en définissant le jardinier. En 1825, tous les « marais » étaient situés dans l'enceinte des fortifications de Paris ; on portait les produits à la Halle avec la hotte et l'on tirait encore l'eau à bras dans des puits répartis à la surface du terrain. Cependant, il existait déjà des « manivelles » ou anciens manèges à seaux. Ces manèges des maraîchers n'exigeaient qu'un seul puits, situé dans la partie la plus élevée du marais. Un cheval actionnait le manège et, à sa sortie, l'eau était dirigée par des tuyaux en grès vers des tonneaux où les maraîchers venaient la puiser avec des arrosoirs d'un type particulier.

En 1835, les pompes foulantes à manège vinrent remplacer les manèges à seaux, sans apporter aucun changement au mode d'arrosage. Les deux tiers des « manivelles » étaient remplacées par des pompes en 1844.

Un grand progrès fut réalisé en 1860 par Isidore Ponce, maraîcher à Clichy, et par Nollet, maraîcher à Vaugirard. Ils eurent l'idée d'élever l'eau à une hauteur de 5 à 6 mètres, dans un réservoir en tôle, en relation avec des canalisations munies de prises d'eau, permettant l'arrosage par la pression. L'arrosage à la lance était né; il se généralisa en dix ans.

A partir de 1889, les moteurs à gaz et à pétrole furent substitués au cheval pour actionner les pompes. En 1900, Jules Curé, secrétaire général du Syndicat des Maraîchers de la région parisienne, pouvait écrire : « Il ne reste plus rien à dire de l'arrosoir, puisqu'il est presque partout supprimé, excepté pour quelques légers arrosages. »

Depuis 1914, les batteries d'arroseurs automatiques circulant sur des rails, ont remplacé l'arrosage à la lance et, dans les marais, l'on voit maintenant les longs bras des arroseurs tourner lentement sur leur support pour déverser en pluie fine l'eau sur les cultures. On peut dire que c'est en matière d'arrosage que la culture maraîchère a réalisé les plus grands progrès depuis un siècle.

L'art du maraîcher-primeuriste réside dans la lutte contre les climats et les saisons ; il a toujours cherché à obtenir des produits en dehors de la période normale. L'adoption du chauffage à l'eau chaude, du « thermosiphon », inventé en 1777 par le Français Bonnemain et utilisé d'abord pour l'incubation artificielle, apporta aux maraîchers un concours puissant. Essayé au Muséum en 1816, le thermosiphon fut appliqué en 1828 par Grison, jardinier au Potager de Versailles, à la culture des légumes forcés; il ne tarda pas à pénétrer chez tous les primeuristes en renom et à donner à la culture des légumes sous verre un essor prodigieux. C'est également vers 1820, que l'usage des châssis se généralisa en culture maraîchère

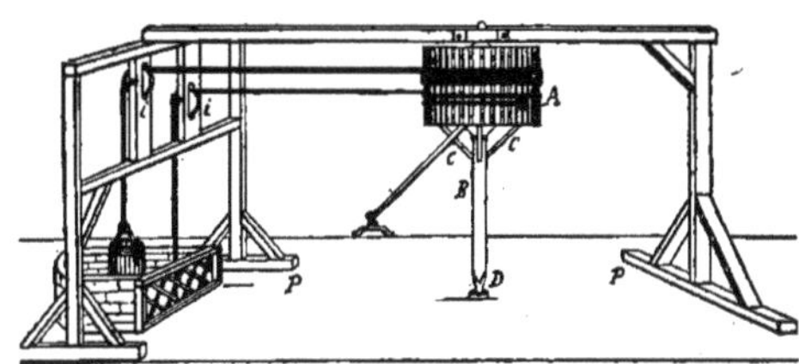

Ancien manège des maraîchers.

où, auparavant, l'on ne se servait que des cloches.

La culture forcée de la Carotte courte a été essayée pour la première fois en 1826 par Pierre Gros. La contreplantation, c'est-à-dire la plantation de légumes sur un terrain déjà occupé par d'autres légumes (culture intercalaire) est due à l'initiative de maraîchers appartenant à la première moitié du XIXe siècle. Vers 1870, la culture du Navet sur couche a pris naissance et s'est développée rapidement. Par contre, beaucoup de cultures autrefois pratiquées par les maraîchers ont dû être abandonnées successivement à la suite de la concurrence des produits du Midi et de ceux obtenus en plein champ dans la région de Paris : Cornichon, Tomate, Aubergine, Fève, Haricot vert, Pomme de terre de primeur.

La voiture, conduite par un cheval, a depuis longtemps remplacé la hotte pour amener les légumes sur le marché. La vie du maraîcher est ainsi devenue un peu plus douce. La prospérité de la culture maraîchère a débuté sous le second Empire, vers 1855, pour atteindre son apogée en 1880 et diminuer ensuite à partir de cette époque, à laquelle les produits des cultures méridionales ont commencé à envahir le marché parisien.

En 1856, on comptait, dans l'enceinte des fortifications de Paris, 1.800 marais ou jardins de 50 ares à 1 hectare, occupant 9.000 personnes et 400 chevaux. On employait 360.000 châssis et 2.200.000 cloches. Les illettrés étaient nombreux; vers 1860-1864, dans les ouvriers maraîchers, le quart des hommes et la moitié des femmes ne savaient ni lire, ni écrire.

Depuis, les maraîchers, chassés par les constructions, ont dû reculer dans la banlieue; leurs effectifs se sont réduits. En 1900, d'après Curé, dans les douze cents établissements de la région parisienne, on occupait 5.000 ouvriers des deux sexes; on utilisait 5 à 6 millions de cloches et 1 million de châssis. Maintenant, les maraîchers se servent de wagons Decauville, circulant sur rails, pour transporter le fumier; ils possèdent des motoculteurs pour le travail du sol. Le développement de l'automobile et la réduction des régiments de cavalerie, en restreignant dans les villes le nombre des chevaux, ont raréfié le fumier, qui est la principale des matières premières mises en œuvre par le maraîcher et créé à celui-ci de sérieuses difficultés.

L'établissement de cultures en plein champ ou sous châssis, dans les contrées méridionales, sous un climat particulièrement favorable, a porté un rude coup à la culture forcée de la région parisienne. Sous le ciel du Midi, on n'a plus à lutter contre le climat, il devient un auxiliaire. Le soleil apporte aux producteurs méridionaux une aide puissante et gratuite; l'extension du réseau ferré a permis d'acheminer rapidement les produits de régions éloignées sur les marchés urbains. Nos colonies et pays de protectorat (Algérie, Maroc), plus favorisés encore que le Midi de la France, ont créé des cultures maraîchères. Or, il ne faut que quarante-huit heures aux légumes pour passer du champ algérien aux Halles centrales de Paris ; d'autre part, on s'efforce de découvrir des variétés ou des races plus résistantes aux transports. Si la culture forcée du Nord est assez sérieusement menacée par les légumes de régions mieux placées pour produire économiquement, elle conserve actuellement et conservera probablement longtemps encore une importance assez grande, car pour les légumes délicats et d'un transport fragile, elle aura constamment l'avantage de pouvoir les présenter sur le marché dans toute leur fraîcheur. Des centres importants de cultures maraîchères existent en Saône-et-Loire (région de Chalon-sur-Saône), en Vaucluse, dans les Pyrénées-Orientales, aux environs de Blois, de Nancy et à Nantes, ce dernier centre exportant beaucoup vers l'Angleterre. Des cultures spéciales très étendues se trouvent en Bretagne (région de Roscoff), en Maine-et-Loire (région d'Angers) en plein champ, et dans beaucoup d'autres endroits. Les Hortillonnages d'Amiens, si curieux et si célèbres, contribuent largement à l'approvisionnement des centres miniers du Nord de la France.

La culture du Champignon de couche a fait de grands progrès en France, notamment dans la région parisienne. En 1900, il y avait, dans les trois départements de la Seine, de Seine-et-Oise et de Seine-et-Marne, 150 champignonnistes construisant 2 millions de mètres de meules dont la production journalière était de 20.000 kilogrammes de champignons. Cette industrie occupait 1.800 ouvriers. Des carrières à champignons sont exploitées en Loir-et-Cher, dans la Gironde, etc.

La production du blanc vierge stérilisé en

Mme Aglaé Adanson.

Adolphe Alphand.

Charles Baltet.

Barillet-Deschamps.

Noel Bernard.

Alfred Bleu.

Guillaume Bosc.

Georges Boucher.

Georges Bruant.

William Bull.

Ernest Calvat.

Jean-François Cels.

tubes bouchés ou en plaques comprimées a été imaginée par le Dr Répin, de l'Institut Pasteur de Paris, qui céda en 1893, à la Maison Vilmorin-Andrieux et Cie, son procédé de culture en tablettes de fumier comprimé.

POMOLOGIE ET ARBORICULTURE FRUITIÈRE

La Pomologie.

Cent années se sont écoulées sans que l'on ait introduit en France un arbre fruitier vraiment remarquable. Au début du XIXe siècle a été importé de la Chine le Mandarinier (*Citrus deliciosa*) que l'on a cultivé dans le Midi, sur le littoral méditerranéen, mais c'est en Algérie surtout, où ce petit arbre a été introduit en 1850, et non sur le territoire de la métropole, que les mandarineraies ont couvert de grandes surfaces. La Mandarine est devenue, depuis, un excellent fruit de consommation courante sur nos tables.

Du Japon nous est arrivé, dans la première moitié du XIXe siècle, le Bibassier ou Néflier du Japon (*Eriobotrya japonica*) et, dans la seconde moitié du XIXe siècle, le Plaqueminier du Japon (*Diospyros Kaki*), introduit à la fin du XVIIIe siècle, a pris, dans le Midi, une certaine importance comme arbre fruitier.

Le Loganberry, hybride entre le Framboisier (*Rubus idæus*) et le Mûrier (*Rubus fruticosus*), obtenu en Amérique par le pépiniériste californien Logan avant 1894, a été introduit en France en 1903 ; cet arbuste fruitier ne s'est pas répandu.

Un fruit exotique, la Banane, produite aux Canaries par les cultures de Bananiers de Chine (*Musa nana*, *M. chinensis*), importée en grand (environ 3 millions de régimes en 1928), a conquis la faveur des consommateurs à partir de la fin du XIXe siècle ; c'est également à cette époque que la Datte, de provenance exotique aussi, a commencé à se populariser dans le public français.

En somme, on a continué à cultiver en France les mêmes espèces fruitières qu'aux siècles précédents. Ces espèces ont été grandement améliorées. De nombreuses variétés nouvelles de Poires à chair fondante, sucrée, parfumée, issues de semis pratiqués par les pépiniéristes ou, parfois, simples enfants nés du hasard, sont venues s'ajouter aux anciennes variétés. Beaucoup de bonnes variétés de fruits aujourd'hui répandues dans les cultures ont été obtenues au XIXe siècle.

Il y a cent ans, on se préoccupait déjà de la recherche des moyens à employer pour obtenir des nouvelles variétés. En 1828, Poiteau publia sur le sujet un important mémoire : « Considérations sur le procédé qu'emploient les pépiniéristes pour obtenir de nouveaux fruits améliorés et sur celui que paraît employer la nature pour arriver au même résultat. » Dans ce mémoire, il signale la méthode utilisée par le grand semeur belge, Van Mons, laquelle consistait, en partant d'une seule graine, à faire cinq ou six semis successifs de pépins de Poires provenant d'arbres d'autant de générations différentes.

La Belgique qui avait, à la fin du XVIIIe siècle, enrichi les jardins fruitiers français de variétés de Poires de qualité supérieure, a continué, surtout de 1800 à 1850, à nous envoyer des fruits nouveaux d'élite obtenus par Van Mons, le major Esperen, Dumont, Bouvier, etc. : *Bergamote Esperen, Beurré Dumont*, *Beurré de Naghin*, *Conseiller à la Cour*, *Joséphine de Malines*, *Nouveau Poiteau, Triomphe de Jodoigne*. L'arboriculture française est redevable à l'Angleterre de trois variétés de Poires excellentes : le *Bon Chrétien Williams* (1830), la *William Duchesse* (1890) et *Conférence*.

La France a joué un grand rôle dans l'obtention des variétés de Poires. L'un des semeurs les plus heureux, Boisbunel, pépiniériste à Rouen, a mis au commerce trois variétés de tout premier choix : la *Passe-Crassane* (1845), *Olivier de Serres* (1847) et *Président Mas* (1865). Le *Doyenné du Comice*, *André Desportes*, *Beurré Giffard, Beurré superfin,* ont été obtenus à Angers; le *Beurré Clergeau* et *Alexandrine Douillard* ont une origine nantaise; le *Beurré Hardy* est né à Boulogne-sur-Mer, *Le Lectier* à Orléans, le *Beurré Bachelier* dans le Nord, *Charles Ernest* à Troyes, etc.

Nos cultures ont emprunté aux Etats-Unis plusieurs bonnes variétés de Pêches, parmi les plus précoces: *Amsden*, *Précoce de Hale*, *Crawford's Early*, et à l'Angleterre quelques nouveautés intéressantes: *Salway*, *Early Rivers*, *Noblesse Seedling*. La Pêche *Opoix* est une importation de Russie.

De nombreuses Pêches ont vu le jour en France: *Alexis Lepère*, *Baltet*, *Grosse Mignonne hâtive*, *Belle Impériale*, *Vilmorin*, *Galopin*, *Louis Grognet*, *Précoce de Croncels*, *Théophile Sueur*, etc.

La plupart des Pommes nouvelles de choix sont d'origine étrangère: *Borovitzky* vient de Russie; *Belle de Boskoop* des Pays-Bas; *Winter Banana* des Etats-Unis, *Cox's Orange Pippin* et *Peasgood* d'Angleterre. La France a à son actif la *Belle de Pontoise* et la *Transparente de Croncels*.

Dans les Cerisiers, un certain nombre de variétés étrangères ont été importées: *Bigarreau jaune Büttner* (Allemagne); *B. Esperen* (Belgique); *B. Reverchon* (Italie); *Guigne Early Rivers* (Angleterre); *G. Ohio's Beauty* (Etats-Unis). En France sont écloses les variétés: *Bigarreau Jaboulay*, *B. Napoléon*, *B. Pélissier*, *Cerise Impératrice Eugénie*, *C. Reine Hortense*, *Bigarreau Gustave Dupau*, obtenu par la Maison Nomblot-Bruneau, etc.

Les nouvelles variétés d'Abricots (*Liabaud*, *Luizet*, et *Précoce de Monplaisir*) proviennent de la région lyonnaise.

Trois Prunes nouvelles intéressantes, deux françaises, *P. de Monsieur jaune* et *Reine Claude tardive*; une belge, *Reine Claude de Bavay*.

Comme variété nouvelle de Groseillier à grappes, nous avons à signaler la *Versaillaise rouge*; la plupart des variétés de Groseilliers à maquereau cultivées sont d'origine anglaise.

Quelques nouveautés de Framboises ont été obtenues: *Merveille des Quatre Saisons*, *Sucrée de Metz*, *Surprise d'automne*, ces deux dernières par les Établissements Simon Louis, de Metz.

Parmi les nouveaux Raisins de table cultivés depuis un siècle, citons le *Frankenthal* (Allemagne), le *Foster's White Seedling* (Angleterre), le *Muscat de Saumur*, le *Chasselas Vibert*, etc.

Il ressort de ce rapide examen portant sur les principales variétés nouvelles, qu'au cours des cent années d'existence de la *Revue horticole*, un échange de variétés a eu lieu entre la France et les divers pays où l'arboriculture fruitière est en honneur. Les collections des principaux établissements de pépinières ont augmenté; plusieurs d'entre eux ont possédé des centaines, voire même un millier de variétés fruitières. Avec les difficultés économiques nées de la guerre 1914-1918 a pris fin la période des grandes collections. Celles-ci ont été notablement réduites et limitées aux variétés les plus intéressantes. La Société pomologique de France (Siège social, 9, rue Constantine, à Lyon), créée en 1856, a beaucoup contribué à faire connaître les meilleures variétés de fruits.

L'Arboriculture fruitière.

En cent années, la technique de l'arboriculture fruitière a fait de grands progrès. Que de formes nouvelles obtenues, les unes pratiques, les autres de fantaisie! Le fuseau, imaginé avant 1816 par J.-B. Lhomme, dans le jardin botanique de la Faculté de Médecine de Paris, s'est généralisé. Le cordon horizontal bilatéral, si répandu aujourd'hui, existait déjà en 1818 chez Bertrand, pépiniériste à Auxerre. Le cordon horizontal simple, moins ancien, fut préconisé vers 1840 par J. L. Jamin. Le cordon vertical et le cordon oblique furent recommandés en 1843 par Du Breuil.

La Palmette Cossonnet, disposition qui eut une grande vogue de 1850 à 1860, fut imaginée par cet arboriculteur en 1849. L'U simple est une invention de Baudinat, jardinier de Mme Dassy-Demarquay, à Meaux, qui l'utilisa en 1850; on lui doit également l'U double. Le cône ailé ou pyramide ailée est dû à Cappe, chargé de la culture des arbres fruitiers au Muséum (1845). L'année 1852 est une année sensationnelle pour l'arboriculture fruitière. C'est en 1852 que

Louis Verrier, jardinier-chef à l'École régionale d'Agriculture de la Saulsaie (dép[t] de l'Ain), fit connaître la forme qu'il appelait « candélabre superposé » et qu'il appliquait au Pêcher et au Poirier; cette forme, qui a fait fortune, est connue depuis sous le nom de Palmette Verrier. Le cordon spirale fut proposé vers 1851 par Du Breuil, le cordon oblique double par ce même arboriculteur en 1852; le cordon vertical ondulé par Laujoulet vers 1860 et le vase à branches renversées par Maître, amateur d'arboriculture à Châtillon-sur-Seine vers 1866. En 1878, à l'Exposition universelle, on vit des cordons spiraux établis d'après la méthode Chapelier. La forme en V ouvert (croisillon) pour le Pommier sur Paradis était adoptée vers 1878-1880 à l'École nationale d'Horticulture de Versailles.

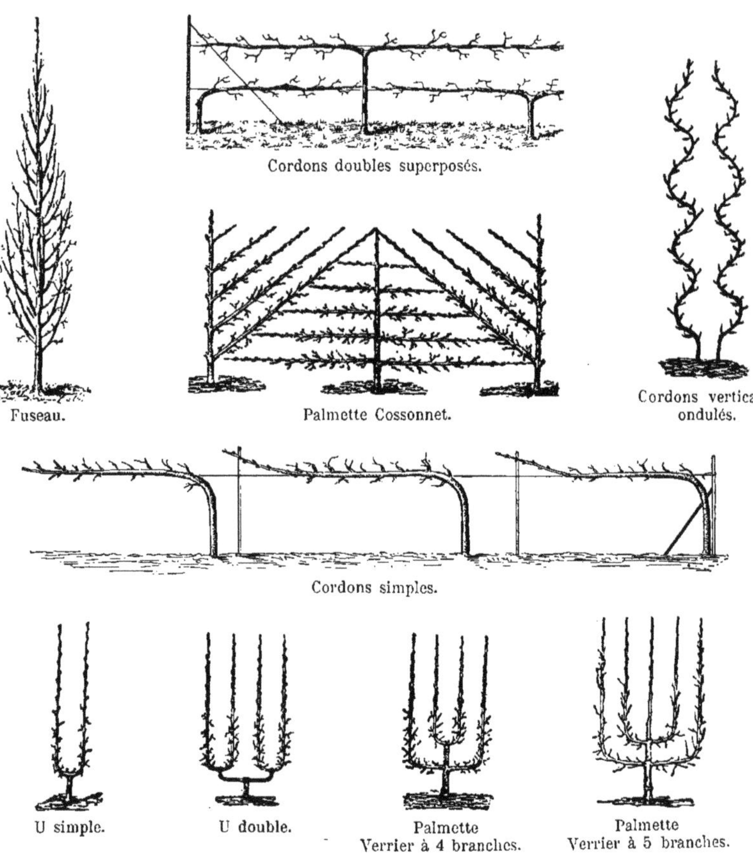
Fuseau.
Cordons doubles superposés.
Palmette Cossonnet.
Cordons verticaux ondulés.
Cordons simples.
U simple.
U double.
Palmette Verrier à 4 branches.
Palmette Verrier à 5 branches.

Pour la conduite de la Vigne, le cordon horizontal Charmeux, ou forme à la Thomery, fut inventé en 1828 par Rose Charmeux père, et le cordon vertical par Rose Charmeux en 1852. La taille à long bois de la Vigne ou taille Guyot fut imaginée avant 1860 par le Dr Jules Guyot.

La taille trigemme du Poirier, due à Courtois, amateur, ne remonte guère à plus d'un demi-siècle.

Dès 1908, mais surtout un peu plus tard, en 1911 et 1912, la taille Lorette a fait grand bruit dans la presse horticole où elle a donné lieu à des discussions passionnées. Cette méthode de taille du Poirier avait été imaginée par M. Lorette, jardinier-chef de l'École d'Agriculture de Wagnonville (Nord) où il l'appliquait depuis longtemps avec succès, ainsi que l'attestaient ses arbres chargés de fruits : plus de taille d'hiver, une simple taille en vert et suppression des fruits en excès, tel est le principe de la méthode.

Vers 1920-1922, l'utilité de la vieille pratique du pincement a été discutée, mais ses partisans restent toujours aussi nombreux.

dans les pépinières de Metz. Le mastic à froid Lhomme-Lefort, dont l'emploi est devenu général pour le greffage en fente et en couronne dans les jardins particuliers, a été signalé pour la première fois en 1852. Le raphia, si couramment utilisé aujourd'hui en Horticulture, et notamment dans le greffage en écusson, n'a été employé qu'à partir de 1873; les premiers échantillons envoyés de Strasbourg à Paris devaient provenir d'Allemagne où ils avaient été importés. La multiplication de la Vigne et du Mûrier au moyen de boutures à un œil fut entreprise avec succès en 1829 par Loiseleur-Deslongchamps.

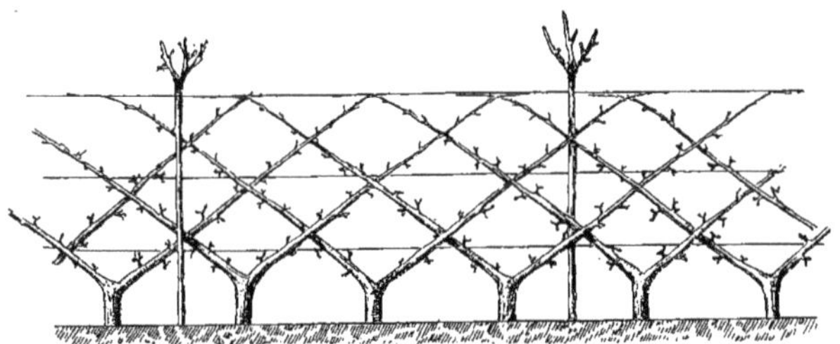
Forme en losanges ou croisillons.

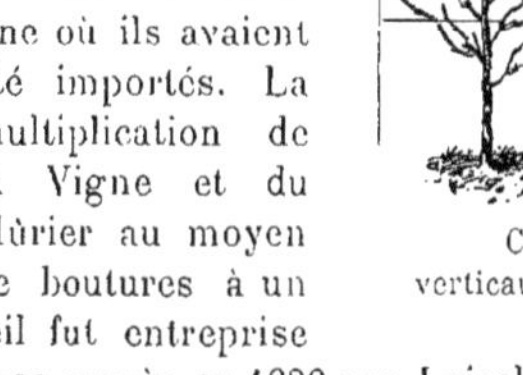
Cordons verticaux de Vigne.

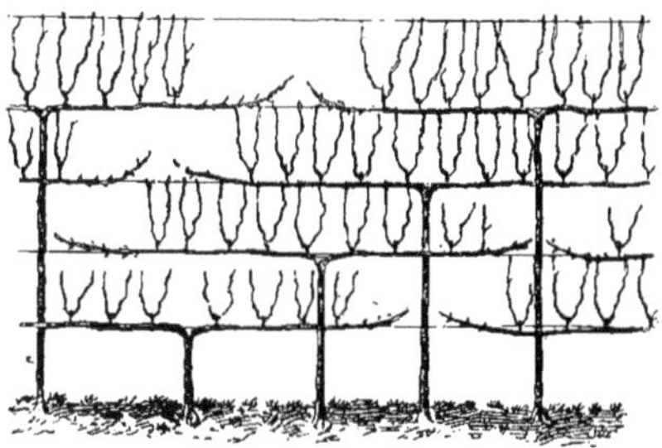
Vigne en cordons horizontaux (Forme à la Thomery)

C'est vers 1850 qu'on a substitué le palissage sur fils de fer des arbres en espalier au palissage sur treillage. En 1888, on signala les auvents en verre pour arbres fruitiers invention due à Brochard, de Paris. Le pincement court et réitéré du Pêcher, en vue

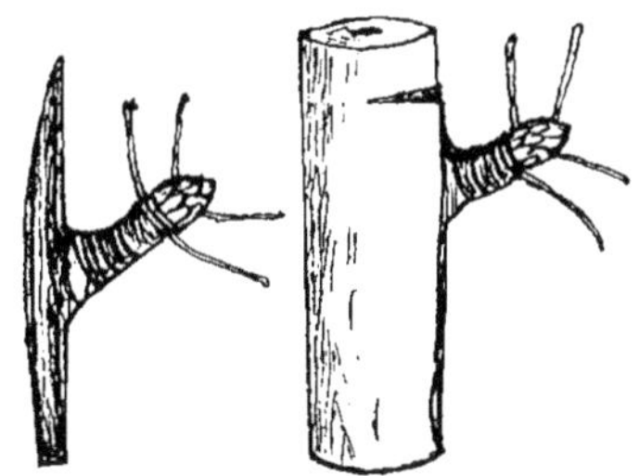
Greffe de boutons à fruits.

L'arcure, vieille pratique séculaire, connue des anciens Chartreux de Paris, remise en vogue en 1780 et pendant toute la période révolutionnaire, a été recommandée à plusieurs reprises (1837-1864-1882) pour la mise à fruits des arbres à pépins. Le greffage sous écorce des boutons à fruits, qui permet d'obtenir des Poires sur les rameaux stériles, a été employé pour la première fois, en 1844, par Gabriel Luizet, arboriculteur à Ecully (Rhône). La greffe en fente des arbres fruitiers à noyau, pratiquée en juillet, août, septembre, a été signalée en 1859 par Carrière. Ce même auteur a indiqué en 1879, comme nouveau sujet pour le greffage du Pommier, le *Paradis jaune*, qui avait depuis longtemps remplacé le Paradis ordinaire d'éviter le palissage, est une vieille pratique déjà en vigueur au XVIIe et au XVIIIe siècle, que l'on a cherché à remettre en honneur en 1840 (Picot-Amette), mais surtout vers 1851, époque à laquelle il fut chaudement recommandé par Grin aîné, de Chartres. L'échelle à palisser, avec deux bras perpendiculaires en haut, est apparue en 1859. En 1849, la question se posa de savoir si les murs d'espalier doivent être noirs ou blancs. Poiteau publia un article rappelant les essais de Noisette et la *Revue horticole* inséra une note de l'illustre Chevreul. La chlorose des arbres fruitiers a préoccupé les savants et les arboriculteurs vers le milieu du XIXe siècle; les expériences d'Eusèbe Gris (1840-1847), ont démontré le pouvoir curatif du sulfate de fer. En 1873, Du Breuil expérimentait la suppression partielle des fleurs du Poirier, laquelle se montra sans influence. Dès 1857, Émile Gueymard, ingénieur en chef, directeur des Mines en retraite, préconisait les solutions de sulfate de cuivre pour le sulfatage des échalas et la conservation des bois.

L'ensachage des Raisins est pratiqué depuis longtemps; pour les préserver des insectes et des oiseaux, on se servait, avant 1828, des sacs en crin. Vers 1834, les sacs en canevas furent recommandés comme étant plus économiques.

L'ensachage des fruits à pépins est moins ancien. C'est à Bagnolet (Seine), que l'on commença vers 1880, à ensacher les fruits autres que les Raisins pour les protéger contre les maladies (tavelure). L'usage des sacs en papier de formes diverses et des manchons en papier à fermetures variées ne tarda pas à se généraliser aux environs de Paris. Déjà, en 1866, il était question à la Société impériale d'Horticulture, de simples manchons de papier ouverts aux deux bouts pour garantir les Raisins des piqûres de guêpes.

L'illustration ou marquage des fruits, si à la mode dans la région parisienne et en particulier à Montreuil, fut essayée pour la première fois sur des Pêches, fruits fragiles et délicats, avant 1870. Le procédé eut peu de succès, mais l'emploi des vignettes pour armorier ou illustrer les fruits donna plus tard des résultats merveilleux sur l'épiderme délicat des pommes ensachées. La photographie sur fruits, dont les effets sont encore plus beaux que ceux obtenus à l'aide des vignettes, fut imaginée en 1898, par M. Louis Aubin, arboriculteur à Montreuil (Seine).

Pour la conservation des Raisins, Baptiste Larpenteur, de Thomery (Seine-et-Marne) eut, en 1842, le premier l'idée de plonger dans l'eau d'une grande coupe des portions de sarments munies de grappes de Raisins. Le principe de la conservation à râfle fraîche était découvert. Mais ce n'est qu'en 1852 que M. Rose Charmeux fit, le premier, usage des bouteilles à large goulot en usage aujourd'hui.

L'adoption d'une méthode demande parfois beaucoup de temps. C'est ainsi que la conservation des fruits (Pommes, Poires, Pêches, etc.) par le froid, imaginée en 1838 par un collaborateur de la *Revue horticole*, le botaniste Loiseleur-Deslongchamps, n'est entrée dans la pratique qu'au XXe siècle. Grâce aux progrès réalisés dans la production du froid, les arboriculteurs ont fait établir, depuis 1911, des petites chambres frigorifiques pour y conserver leurs fruits.

Bouteilles pour conserver les Raisins.

Conservation à râfle fraîche.

Dans ces dernières années (1920-1921), M. Aubin a expérimenté l'incision annulaire sur le Pêcher (var. *Amsden* et *Précoce de Hale*); elle a avancé la maturité et accru le volume des fruits. Dans l'Isère, M. Comte a imaginé, avant 1914, le procédé suivant pour le rajeunissement des Pêchers en plein vent: il choisit à bonne hauteur (1 m. 20 - 1 m. 25) quelques petites branches bien situées qu'il taille court; l'année suivante, la cime est rabattue au-dessus de ces ramifications. La lutte biologique contre le puceron lanigère à l'aide d'un parasite, l'*Aphelinus mali*, importé des Etats-Unis, a été expérimentée; elle a donné des résultats irréguliers, parfois intéressants.

Notre historique serait incomplet, si nous

Espalier de Pommier *Calville blanc* dont les fruits sont ensachés.

ne disions quelques mots de l'un des instruments les plus employés par l'arboriculteur : le sécateur. Autrefois, la serpette était d'un usage courant pour la taille des arbres. L'arboriculteur moderne emploie presque uniquement le sécateur. Pendant le XIXe siècle, cet instrument a été très perfectionné ; il en existe aujourd'hui de nombreux modèles. En 1862, Brassoud substitua au ressort fixe (ressort en lame) un ressort mobile et, en 1865,

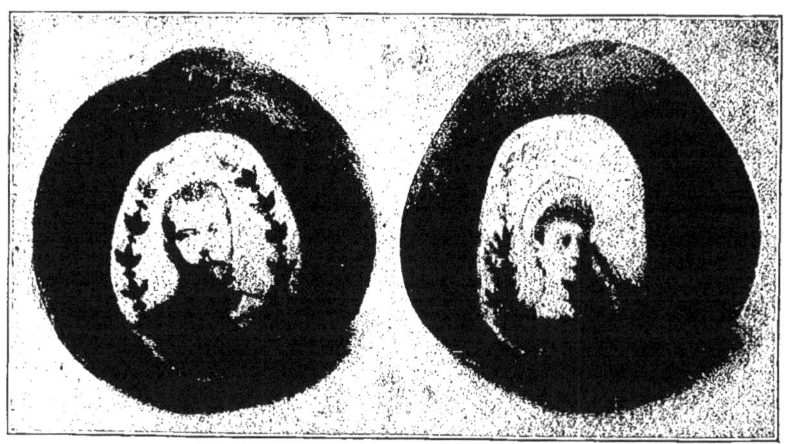

Types de photographies sur fruits, avant 1914 ; sur ces deux Pommes *Calville* et *Grand Alexandre* sont les portraits de l'empereur et de l'impératrice de Russie.

il mit au commerce un sécateur avec lame de rechange. En 1864, apparut le sécateur Lecointe, avec ressort à boudin, ce qui était une innovation.

En 1892, Anatole Cordonnier entreprit à Bailleul (Nord), la culture industrielle des arbres forcés; il construisit ses trois premières serres et développa ensuite son industrie qui prit un magnifique essor et fut malheureusement anéantie pendant la guerre de 1914-1918. Quelques autres forceries industrielles ont été créées en France, notamment celle de M. Parent, à Rueil (Seine-et-Oise).

Durant ses cent années d'existence, la *Revue horticole* a donc vu s'accomplir, en arboriculture fruitière, de nombreux et remarquables progrès dans l'ordre scientifique et dans le domaine de la pratique.

L'arboriculture a subi, depuis deux tiers de siècle, une rapide évolution, A la suite de la demande considérab'e de fruits de table, tant pour les besoins du marché intérieur que pour l'exportation sur le marché anglais, les arbres fruitiers sont sortis des jardins pour gagner les champs. Des cultures commerciales de Poiriers, de Pommiers, de Pêchers, de Cerisiers, d'Abricotiers, de Groseilliers, de Framboisiers, ont été créées depuis 1870 en jardins fruitiers ou en vergers.

Dans la région parisienne, il existe, en Seine-et-Oise et dans la Seine, des communes sur lesquelles ont été établis d'importants jardins fruitiers consacrés à la production des fruits de luxe. On voit en plein champ des cultures de Groseilliers et de Framboisiers.

Les vergers de Pêchers et d'Abricotiers sont très importants dans la vallée du Rhône, de Lyon à Avignon. Les cerisaies de l'Yonne et les vergers de Pommes *Reinette du Canada* du Puy-de-Dôme sont célèbres. La culture du Cassissier pour la production de la liqueur et l'exportation en Angleterre s'est développée dans nombre de départements et, en particulier, dans la Côte d'Or où elle a pris de l'extension à partir de 1840.

La fantaisie ne perdant jamais ses droits, même en arboriculture, de 1860 jusqu'après les années qui suivirent la guerre de 1870, un jardin fruitier aérien exista à Paris, chez M. Lockroy, père du député Édouard Lockroy, au 5e étage du n° 32 de la rue de l'Oratoire du Roule, aujourd'hui rue Washington. Il y avait là, dans des caisses, sur un balcon-terrasse de 15 mètres de long sur 4 de large, des Poiriers en cordon spirale, quelques-uns en fuseau, en palmette et un certain nombre de Groseilliers. En 1902, un fonctionnaire du Musée, M. Leblanc, élevait aussi des arbres sur les toits du Louvre; son jardin aérien comprenait une centaine de caisses.

Pour la création des jardins fruitiers et des vergers, il faut beaucoup de jeunes arbres. Aussi, la pépinière a pris un développement considérable et est devenue une véritable industrie horticole. La production des arbres fruitiers formés est une innovation des pépiniéristes du premier quart du XIXe siècle; on doit également mettre à leur actif la transplantation ou contreplantation des arbres.

Depuis quelques années, on voit aux Expositions de Paris, des fruits et des légumes moulés. Déjà en 1833, à l'Exposition de Paris, des artistes présentaient des fruits moulés en cire; il y en avait deux collections à l'Exposition universelle de 1855.

ARBORICULTURE D'ORNEMENT

Le siècle dernier a été le siècle des grands amateurs. Les voyages des explorateurs ont considérablement enrichi nos jardins en espèces ligneuses intéressantes par leur port, par la couleur de leur feuillage, la beauté de leurs fleurs ou de leurs fruits. L'Amérique du Nord, la Chine et le Japon ont surtout contribué à augmenter le nombre des espèces ornementales arborescentes et arbustives.

Au seuil de cette étude, je considère comme un devoir de rendre hommage à la vaillance des explorateurs qui ont parcouru les régions du globe naguère inconnues pour envoyer en Europe les arbres et les arbustes les plus dignes d'entrer dans la décoration des jardins. Il y a eu d'abord les introductions japonaises de l'Allemand Siebold et de l'Anglais Robert Fortune, direc-

Auguste Chantin. — A. Chargueraud. — Rose Charmeux.

Pierre Chauvière. — Anatole Cordonnier. — Maxime Cornu.

Gustave Croux. — Pierre Duchartre. — Léon Duval.

J. Geoffroy St-Hilaire. — Jules Gravereaux. — Alexandre Hardy.

teur du jardin botanique de Chelsea. On a vu arriver aussi les Conifères californiennes de Douglas, les Pins mexicains de Roezl, né à Prague. Puis, de nombreux arbustes de la Chine et du Japon furent envoyés par les missionnaires catholiques français en Extrême-Orient : les abbés Armand David, Delavay, Farges, Ducloux, etc. On doit au Muséum d'Histoire naturelle de Paris, qui a toujours eu des correspondants à l'étranger et des rapports avec les missionnaires, d'importantes introductions. Maurice de Vilmorin, par ses relations avec les botanistes voyageurs et les missionnaires, reçut des graines qu'il sema, ce qui lui permit de décrire et de propager de nombreuses espèces d'arbustes rustiques pour la plupart originaires de la Chine occidentale (Thibet, Yunnan, Setchuen, etc.). L'Anglais M. Wilson, fut envoyé en Chine par la Maison Veitch, de Londres, en 1892, le professeur Sargent, de Boston fit un voyage au Japon d'où il rapporta nombre d'espèces qui furent propagées par l' « Arnold Arboretum ». Cet important établissement a, depuis, à la suite de nouveaux voyages de MM. Wilson et Sargent, répandu dans le monde des arbustes intéressants. En France, M. Léon Chenault, d'Orléans, est l'homme qui a cultivé et étudié le plus d'arbustes nouveaux depuis une vingtaine d'années.

Les arbres nouveaux.

Si les introductions d'arbres à feuilles caduques et d'arbres à feuilles persistantes ont été nombreuses à la fin du XVIIIe siècle, par contre il n'en a été introduit qu'un petit nombre pendant le dix-neuvième. Quelques arbres nouveaux proviennent des États-Unis : le *Maclura aurantiaca,* l'Orme à feuilles épaisses (*Ulmus crassifolia*), le *Robinia neomexicana* et le *Catalpa speciosa.* La plupart des arbres nouveaux sont originaires de la Chine et du Japon : le *Paulownia imperialis* (l'une des plus belles acquisitions), introduit en 1834, le *Pterocarya stenoptera,* le *Cedrela sinensis,* le *Malus spectabilis,* le *Xanthoceras sorbifolia,* plusieurs *Catalpa.* On doit à l'Orient quelques arbres tout à fait remarquables, qui ont pris une place importante dans les jardins et notamment le *Prunus Pissardi,* hautement décoratif par ses feuilles d'un rouge vif, importé de la Perse en 1880, le *Populus Bolleana,* introduit du Turkestan en 1875, le *Tilia dasistyla,* envoyé du Caucase en 1860 et le *Parrotia persica,* indigène en Perse et au Caucase (1848).

Pendant la plus grande partie du XIXe siècle, les arbres d'ornement anciennement introduits et ceux d'importation récente se sont répandus dans les parcs privés et les jardins publics.

On pourrait presque appeler le XIXe siècle, le « Siècle des Conifères ». La plupart des beaux arbres de cette grande famille ont été importés de 1818 à 1878, de l'Amérique du Nord, du Japon, de la Chine, de l'Asie-Mineure, de l'Himalaya.

La première moitié du XIXe siècle nous a donné le *Cupressus Lambertiana* ou *C. macrocarpa,* commun aujourd'hui dans l'ouest de la France, le *Cryptomeria japonica,* le *Sequoia sempervirens,* le *Picea Morinda,* le *P. orientalis,* le *Cedrus atlantica,* le *C. Deodara,* le *Pseudotsuga Douglasii,* plusieurs *Abies* de toute beauté : *A. Nordmanniana, A. Pinsapo, A. cephalonica, A. grandis, A. nobilis,* quelques Pins dont les plus intéressants sont *Pinus excelsa, P. Coulteri,* etc., le *Juniperus excelsa,* le *Cupressus funebris,* le *Pinus insignis,* à croissance rapide et qui réussit très bien en Bretagne, les *Cephalotaxus Fortunei* et *drupacea.*

A partir de 1850, ont été importées des Conifères aujourd'hui très cultivées : le Séquoia géant, colosse du règne végétal, l'*Abies concolor* et le *Picea pungens* = *P. Parryana,* au ravissant feuillage glauque, le *Thuya Lobbii,* le *Libocedrus decurrens,* le curieux Pin de Bunge dont l'écorce se détache par plaques comme celle du Platane, les *Chamæcyparis Lawsoniana, obtusa, pisifera, nutkaensis, Pseudolarix Kæmpferi.*

Dès 1850, les Conifères commençaient à être représentées par des lots aux expositions d'Horticulture de Paris ; elles ont brillamment participé aux Expositions universelles de 1855 et de 1867. Ces arbres à port pittoresque, souvent isolés ou groupés par trois ou quatre sur les pelouses, ont apporté un nouvel élément de décoration dans les parcs.

Les arbustes nouveaux pendant le siècle.

La flore arbustive de nos jardins a été enrichie par de nombreuses introductions de la Chine et du Japon, dont quelques-unes ont pris un développement rapide pour jouer un rôle de premier plan dans l'ornementation.

Nous sommes redevables à la Chine, pendant la première moitié du XIXe siècle : de la Glycine (*Wistaria sinensis*), des *Forsythia*

Paulownia impérial.

suspensa et *viridissima*, du Bambou noir (*Phyllostachys nigra*), du *Jasminum nudiflorum*, du *Phyllostachys viridi-glaucescens*, de l'*Abelia grandiflora*, du *Plumbago Larpentæ*.

Ont été importés du Japon durant cette première moitié du XIXe siècle : *Akebia quinata, Skimmia japonica*, les Érables du Japon (*Acer palmatum* ou *polymorphum*) et leurs nombreuses variétés qui ne se sont répandus qu'à la fin du siècle, le *Deutzia gracilis,* le Bambou doré (*Phyllostachys aurea*) le *Sasa japonica* ou *Arundinaria Metake*, le *Viburnum tomentosum*, var. *plicatum*.

Parmi les arbustes indigènes à la fois en Chine et au Japon introduits de 1810 à 1850, citons le *Citrus trifoliata* ou *C. triptera*, l'*Azalea mollis* ou *A. sinensis* qui a produit de nombreuses variétés, le *Ligustrum japonicum*, le *Tecoma grandiflora*, qui est l'une de nos plus belles plantes grimpantes, le *Diervilla florida* ou *Weigela rosea*, le *Caryopteris mastacanthus*, le *Cerasus serrulata,* que forcent les Hollandais.

Un certain nombre d'arbustes sont venus d'autres pays : le *Rhododendron arboreum*, de l'Himalaya, le *Lagerstrœmia indica* (l'une des plus belles espèces pour le midi de la France), de l'Asie tropicale, le *Mahonia* ou *Berberis aquifolium*, de l'Amérique du Nord, le *Ceanothus azureus*, du Mexique, l'*Acacia dealbata*, d'Australie, tous très répandus dans les parcs, divers *Cotoneaster*, *C. microphylla* et *C. buxifolia*, le *Berberis Darwini*, du Chili,

Les introductions de la Chine et du Japon ont continué de 1850 à nos jours.

Abies Nordmanniana.

La Chine nous a donné *Eucommia ulmoides*, les *Cotoneaster horizontalis*, *pannosa* et *crenulata*, que l'on trouve partout, le *Viburnum rhytidophyllum*, au magnifique feuillage, le *Jasminum primulinum*, les *Buddleia alternifolia* et *variabilis*, le *Clerodendron fœtidum*, le *Prunus triloba*.

Le Japon a fourni à nos jardins à partir de 1850 : *Magnolia stellata*, *Berberis* ou *Mahonia japonica*, l'*Ampelopsis Veitchii*, qui est l'une de nos plus jolies plantes grimpantes, le *Raphiolepis japonica*, le *Desmodium penduliflorum* qui est un arbuste magnifique, le *Fatsia* ou *Aralia japonica*, l'Aucuba du Japon femelle et surtout l'Hydrangéa paniculé dont la culture commerciale s'est rapidement développée, l'*Osmanthus aquifolium*, le *Diervilla præcox*, les Azalées Kurume, rustiques en plein air.

De la Chine et du Japon sont originaires la Vigne à fruits bleus (*Ampelopsis heterophylla*), le *Rhodotypos kerrioides*, l'*Indigofera decora*, le *Zanthoxylum alatum*, plusieurs espèces de Spirées : *Spiræa Wilsoni*, *S. Henryi*, etc., etc.

Buddleia variabilis.

Citons enfin, au nombre des arbustes d'autres régions : le *Choisya ternata*, du Mexique, le *Staphylea colchica*, du Caucase, le Groseillier sanguin, de l'Amérique du Nord, l'*Olearia Haastii* et le *Veronica Traversii*, de la Nouvelle-Zélande, une plante grimpante dont la beauté est incomparable, le *Polygonum baldschuanicum*, du Turkestan, l'*Azara microphylla*, du Chili.

Un arbuste du Japon, le *Ligustrum ovalifolium*, quoique introduit à la fin du XVIIIe siècle, n'a commencé à être cultivé à Paris qu'en 1847 pour prendre dans la suite une place si considérable dans les pépinières et les jardins qu'on serait tenté d'appeler notre époque « l'ère du Troène ». On le voit, en effet, partout dans les massifs.

Les grandes spécialités d'arbustes.

Plusieurs genres ont fait des progrès considérables grâce à la pratique des croisements. C'est ainsi que l'on cultive aujourd'hui des variétés de *Deutzia* hybrides, de *Philadelphus* doubles, de Lilas à fleurs doubles obtenues par feu Victor Lemoine et son fils, M. Émile Lemoine, les grands horticulteurs de Nancy. La plupart de ces obtentions ont été mises au commerce dans le dernier quart du XIXe siècle.

Un certain nombre d'arbustes sont soumis à la culture forcée : Le Lilas, la Boule de Neige (*Viburnum Opulus sterilis*), le *Prunus triloba*, l'Hortensia, sans oublier le Rosier dont il sera question plus loin. On forçait beaucoup, quelque temps avant la guerre de 1914, le Lilas *de Marly* et le *L. Charles X*. Le premier est en forte décroissance et le second est aujourd'hui presque complètement abandonné.

Les variétés greffées sur Lilas *de Marly* tendent de plus en plus à les remplacer. D'après notre camarade, M. Lefeuvre, un spécialiste de cette culture, on chauffe, en Lilas blanc, *Marie Legraye* et toutes ses améliorations hollandaises, qui donne une grappe grosse, lourde, blanc pur, des fleurs à pétales épais et la variété *Callot*, variété teintée que l'on peut faire en blanc, à fleurs blanches, légères, formant une grappe volumineuse, mais d'emballage délicat.

En Lilas teinté, le *Souvenir de Louis Spæth* est, et pour longtemps encore, le roi des Lilas rouges ; de bonne forme, se teintant bien sous verre, sa grappe érigée, à pétales solides, résiste bien au transport. D'autres variétés, *Pasteur*, *Hugo*, *Koster*, sont très peu employées, car elles rendent très mal. Quelques doubles, *Casimir Périer*, *Büchner*, sont chauffés sur une petite échelle seulement.

La pratique de la culture forcée a fait de grands progrès depuis 1901, date à laquelle la méthode de l'éthérisation, découverte en 1893 par M. Johannsen, professeur de physiologie végétale à l'École supérieure d'agriculture de Copenhague, a été expérimentée en France ; elle a permis de réduire d'une semaine la durée du forçage du Lilas et d'avoir des grappes plus fortes, plus fournies, moins décolorées. Elle est devenue aujourd'hui une pratique courante. Une autre méthode de forçage, à l'aide des bains d'eau chaude, a été signalée en Allemagne vers 1905. Elle consiste à mettre tremper les Lilas pendant 10 heures dans un bain d'eau chaude à 35 degrés; la floraison se trouve avancée de 5 ou 6 jours. On se livre aussi, en France, à la culture retardée du Lilas; Crousse la pratiquait déjà à Nancy vers 1890. Les Lilas sont mis dans des entrepôts frigorifiques en attendant l'époque du forçage.

A Vitry-sur-Seine, patrie des Lilas forcés, cette spéculation revêt le caractère d'une véritable industrie. Chaque année, entre le 15 novembre et le 1er mai, 250.000 pieds produisent environ 3 millions de thyrses. On force en outre 10.000 pieds de Boule-de-Neige.

La Boule de Neige était déjà forcée par plusieurs horticulteurs de Paris vers 1850.

L'Hortensia (*Hydrangea hortensis*) ne s'est réellement popularisé dans les jardins qu'au début du xxe siècle, à partir de 1909, date à laquelle plusieurs horticulteurs, M. Lemoine, de Nancy, M. Mouillère, de Vendôme et plus tard quelques autres dont M. Henri Cayeux, du Havre, ont mis au commerce les belles variétés que l'on rencontre en Bretagne dans toutes les villas et que l'on admire à l'étalage des fleuristes de Paris. Cette plante a pris une place énorme dans l'ornementation des jardins et le décor des appartements. Actuellement, les efforts des semeurs tendent à obtenir de belles variétés à fleurs doubles.

L'une des questions qui ont le plus préoccupé les horticulteurs et les amateurs depuis près d'un siècle est le bleuissement des fleurs de l'Hortensia. En 1843, un ouvrier des pépinières d'André Leroy, à Angers, observait déjà le bleuissement des plantes rempotées avec la terre prise sur des rochers de schistes ardoisés. Quelques années plus tard, en 1856, le comte de Médici Spada, secrétaire de la Société romaine d'Horticulture, signalait comme *très ancienne* la pratique du saupoudrage des pots, en mars, avec de l'alun romain (triple sulfate d'alumine, de potassium et de fer). On répétait l'opération plus tard, une ou deux fois, pour avoir un bleu intense et l'on obtenait ainsi, à volonté, toutes les nuances de l'échelle cyanique. Depuis une vingtaine d'années, on se sert de l'alun ammoniacal en solution.

L'*Hydrangea paniculata grandiflora*, sans être un rival de l'Hortensia, constitue une plante de marché très cultivée qui fait l'objet d'un important commerce.

On voit couramment, dans les expositions,

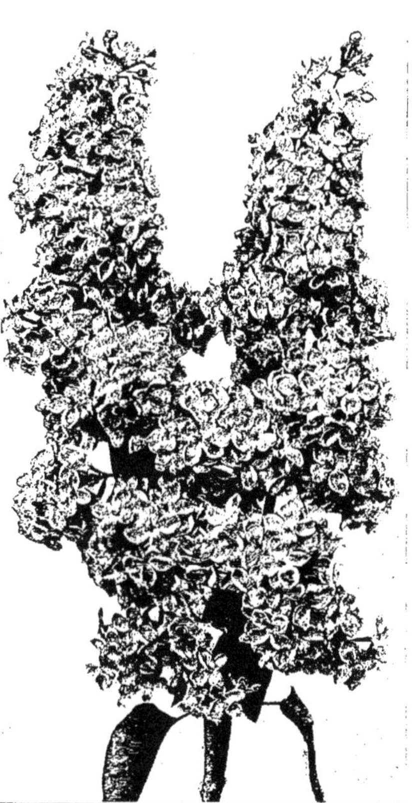

Lilas à fleurs simples *Pasteur*.

des arbres nains japonais cultivés en potiches et dont l'âge varie de 50 jusqu'à 100 ans. Un certain nombre d'espèces parmi lesquelles le *Pinus densiflora*, se prêtent à cette culture. A l'Exposition universelle de 1889, dans le jardin japonais établi par M. Kasawara, horticulteur à Tokio, le public regarda avec curiosité ces végétaux lilliputiens, ces arbres nanifiés, qui devinrent bientôt à la mode.

Les petits Érables japonais (*Acer palma-*

tum, *A. japonicum*, aux nombreuses variétés à feuilles palmées, plus ou moins découpées, firent, pour la première fois, l'admiration du public à l'Exposition universelle de Paris, au Champ-de-Mars, en 1867.

Certains arbustes, comme le *Cassia floribunda*, introduits anciennement (1818) ont été longtemps relégués dans les jardins botaniques d'où ils ne sont sortis que vers 1860 pour l'ornementation des jardins.

Les arbres et les arbustes d'introduction ancienne ou récente ont produit dans les cultures des variétés plus ou moins décoratives, à port pyramidal (Robinier), à feuillage panaché, etc.

La flore des arbres d'avenue s'est notablement enrichie. Alors qu'en 1827 on cultivait à Paris quatre essences ligneuses seulement (Marronnier, Tilleul, Érable Sycomore et Orme), à la fin du XIXe siècle, les plantations d'alignement de la capitale comprenaient : Platane d'Orient, Marronniers (*Æsculus Hippocastanum* et *rubicunda*), Ormes (*Ulmus campestris* et *U. americana*), Vernis du Japon (*Ailantus glandulosa*), Érable Sycomore, Érable plane, Robinier faux Acacia, Tilleuls, Paulownia impérial, Noyer d'Amérique (*Juglans nigra*) Negondo (*Acer fraxini folium*). Maintenant, il faudrait en ajouter quelques autres et, en particulier, le *Pterocarya stenoptera*.

Le bouturage mi-herbacé des arbustes, en plein soleil, en juillet et août, a été propagé en France par le professeur Cornu, du Muséum, qui l'avait observé en Belgique et en Hollande en 1885.

Les Rosiers.

Nous terminerons cet historique de l'Arboriculture d'ornement par l'arbuste de tous le plus important, le Rosier, que l'on cultive dans tous les jardins et dont les cultures commerciales, sous verre et en plein air, donnent lieu à un chiffre de vente s'élevant à un nombre respectable de millions. La Rose est la fleur éternelle et la France a largement contribué à la production de nouvelles variétés durant le siècle écoulé. Que de variétés magnifiques sont sorties des semis effectués après croisements dans la région parisienne, le Lyonnais, l'Orléanais, l'Anjou!

L'introduction des Rosiers à odeur de thé (Inde et Chine), appelés vulgairement Rosiers thé (*Rosa indica fragrans*), date de 1824; les nombreuses variétés de Rosiers thé remontants sont malheureusement peu rustiques dans le nord de la France et dans la région parisienne. Il en existe de non sarmenteux : *Safrano*, *Maman Cochet* et des sarmenteux : *Gloire de Dijon*, *Maréchal Niel*.

Le Rosier de Bengale ou Rosier toujours fleuri (*Rosa semperflorens* ou *Rosa chinensis*), introduit en France en 1798, a produit des variétés très différentes, toutes remontantes, dont un certain nombre à fleurs rouge cramoisi bien caractéristique : *Bengale pourpre*, *Cramoisi supérieur*.

En 1814, fut envoyé d'Amérique à Louis Noisette un hybride de *Rosa moschata* et de *R. semperflorens*, appelé *R.* × *Noisettiana* ou Rosier Noisette. On cultive des R. Noisette sarmenteux : *Aimé Vibert* et des R. hybrides de Noisette : *Madame Alfred Carrière*, etc.

Le Rosier de l'Ile Bourbon (*R.* × *borboniana*) est probablement un hybride de R. du Bengale et de la R. de Damas (*R. semper florens* × *R. damascena*). Des graines en furent envoyées en 1819 par Bréon, directeur du Jardin botanique de La Réunion, à Jacques, jardinier en chef du domaine national de Neuilly. A cette race appartiennent *Souvenir de la Malmaison*, *Zéphirine Drouhin*, cette dernière sans épines.

La race des hybrides remontants provient du croisement des anciens Rosiers issus du *Rosa gallica*, avec des variétés issues des Rosiers d'Asie (*Rosa indica* et *semperflorens*) : Thé, Bengale, Ile Bourbon, Noisette. Le premier hybride remontant a été obtenu en 1837. On en cultive de nombreuses variétés : *Captain Christy*, *Général Jacqueminot*, *Frau Karl Druschki* (Syn. *Reine des Neiges*), *Paul Neyron*, etc.

En croisant les Rosiers thé avec les hybrides remontants, on a obtenu les Rosiers hybrides de thé, plus rustiques que les thés et très florifères. Citons, parmi les non sarmenteux; *La France*, qui est la première variété apparue en 1867, *Madame Abel Chatenay*, *Madame Segond Weber*, *Caroline Testout*; en sarmenteux : *Vicomtesse Pierre du Fou*.

Auguste Hardy.

Le Frère Henri.

Vte Héricart de Thury.

Gustave Heuzé.

Louis Van Houtte.

J.-L. Jamin.

Ferdinand Jamin.

Pierre Joigneaux.

Comte de Lambertye.

Alphonse Lavallée

Comte Le Lieur.

Victor Lemoine.

A la suite de l'introduction, en 1871, du *Rosa Luciæ* ou *Rosa Wichuraiana*, aux feuilles luisantes, épaisses, semi-persistantes, des croisements opérés avec les thés ont donné, à partir de 1898 les *Rosiers hybrides de Wichura*, non remontants, très sarmenteux, qui se recommandent par leur aptitude à former des arbustes pleureurs : *Albéric Barbier, Dorothy Perkins*, etc.

Le Rosier multiflore (*Rosa multiflora* = *R. polyantha*), du Japon et de la Chine, importé en France en 1820, a produit des formes sarmenteuses non remontantes : *Turner's Crimson Rambler* (1894), *American Pillar* et la race des Rosiers multiflores nains ou Rosiers hybrides de polyantha nains remontants: *Orléans rose, Madame Norbert Levavasseur, Jeanne d'Arc*, etc.

Le Rosier rugueux (*Rosa rugosa*), réintroduit en 1845, du Japon, a donné, par des croisements, des variétés hybrides d'obtention récente : *Souvenir de Philémon Cochet, Madame Georges Bruant*, etc.

En croisant le Rosier *Persian Yellow*, variété double du *Rosa lutea*, avec des hybrides remontants, M. Pernet-Ducher, rosiériste à Vénissieux (Rhône), a créé la race des Rosiers Pernetiana, caractérisée par les teintes chaudes, saumonées, orangées, abricotées : *Madame Edouard Herriot, Juliet, Angèle Pernet, Souvenir de Claudius Pernet*, etc. Le premier Pernetiana, *Soleil d'Or*, est né en 1900.

La culture forcée sous verre du Rosier, est très développée dans le Midi, sur la côte méditerranéenne, depuis Hyères jusqu'à la frontière d'Italie. On cultive principalement les variétés : *Safrano, Paul Nabonnand, Papa Gontier, Marie Van Houtte, Maréchal Niel*, qui sont des thés; *Captain Christy, Ulrich Brunner, Paul Neyron* (hybrides remontants), *Frau Karl Druschki, La France* (hybrides de thé), etc.

La greffe du Rosier sur collet d'Églantier de semis aurait été imaginée par Guillot, de Lyon, vers 1860. Le sécateur à habiller les Églantiers fut inventé en 1867, par Brassoud, coutelier, rue Gay-Lussac, à Paris.

Depuis quelques années, les Rosiers hybrides de polyantha nains remontants sont beaucoup employés pour former des corbeilles dans les jardins.

Où voir de beaux arbres et de beaux arbustes.

A la fin du XVIIIe siècle et pendant le XIXe siècle, des collections d'arbres exotiques (Arboretum), d'arbustes (Fruticetum), de Rosiers (Roseraie ou Rosarium), ont été créées par des particuliers, des établissements publics ou des villes. Nous en avons vu un certain nombre et, pour d'autres, nous sommes en relation avec les propriétaires.

Arboretums. — Parc de Baleine (Allier), créé par le botaniste voyageur Adanson; appartient à M. de Rocquigny. — Parc de Frémont, commune de Brix (Manche), planté vers 1850, par Herpin; appartient à M. de Mondésir. — Petit Trianon, à Versailles; appartient à l'État. — Arboretum national des Barres, commune de Nogent-sur-Vernisson (Loiret); créé en 1810, par Philippe-André de Vilmorin; acquis par l'État en 1866. — Le Domaine d'Harcourt (Eure), établi par Pépin en 1851; appartient à l'Académie d'agriculture. — L'École nationale d'Agriculture de Grignon où les collections dendrologiques ont été installées en 1873, par P. Mouillefert. — L'École municipale et départementale d'Horticulture de Saint-Mandé (Seine), dont les plantations d'arbres et d'arbustes d'ornement ont été plantées par Chargueraud, en 1885. — Les Jardins des Plantes de Montpellier, Bordeaux, Rennes, Nantes, Tours, Rouen, Toulouse, Lyon, Grenoble; le Parc Borély, à Marseille; la Pépinière, à Nancy; le Parc national, à Pau; le Jardin public, à Vitré; le Jardin Massey, à Tarbes. — L'Arboretum de Verrières-le-Buisson (Seine-et-Oise), commencé en 1815, par André de Vilmorin; appartient à Mme Philippe de Vilmorin. — L'Arboretum de Pézanin, commune de Dampierre-les-Ormes (Saône-et-Loire), commencé en 1904, par Philippe de Vilmorin et continué par sa veuve. — Les pépinières Croux, au Val d'Aulnay, par Chatenay (Seine). — L'Arboretum de la Maulèvrie à Angers, planté par Allard de 1858 à 1895; appartient à l'Institut Pasteur. — Parc de La Fosse, près Montoire (Loir-et-Cher), planté par le père et le grand-père du propriétaire actuel, M. Gérard et continué par lui. — Parc de Cheverny (Loir-et-Cher), appartient au marquis de Vibraye. — Le Parc des Côtes, à Jouy-en-

Josas (Seine-et-Oise), planté en 1869; propriétaire, M. le baron Mallet. — Les établissements Chenault et Barbier, à Orléans. — Les pépinières Louis Leroy, André Leroy, Delaunay, Détriché, Mulot, à Angers et dans sa banlieue. — La pépinière Treyve, à Moulins. — Les Pépinières Simon-Louis, à Metz, etc.

Fruticetums. — Fruticetum Vilmorinianum, fondé aux Barres, commune de Nogent-sur-Vernisson (Loiret), en 1873, par Maurice de Vilmorin. — Le Fruticetum du Muséum, à l'annexe de Chèvreloup, près Versailles.

Roseraies. — La plus belle et la plus importante est celle l'Hay, à l'Haÿ-les-Roses (Seine). Créée par M. Jules Gravereaux. Cette roseraie, propriété privée, est ouverte au public plusieurs jours par an, à l'époque de la floraison. — La roseraie de Bagatelle, à Neuilly (Seine); appartient à la Ville de Paris. — La Roseraie municipale de Saverne. — Depuis 1896, existe la Société française des Rosiéristes « Les Amis des Roses », dont le siège social est à Lyon, 26, Place Tolozan.

FLORICULTURE DE SERRE

Grandeur et décadence de la Floriculture.

Ce siècle (1829-1929) aura vu naître, grandir et s'élever jusqu'au plus haut sommet la Floriculture de serre; il l'aura vue ensuite décliner rapidement à la fin. En 1829, notre compatriote Bonnemain, inventeur du « calorifère à circulation d'eau chaude », mourait dans la misère. C'est d'Angleterre, où ce mode de chauffage était appliqué aux serres, qu'il revint en France sous le nom de thermosiphon; on le perfectionna, son emploi se généralisa et il contribua beaucoup au développement de la Floriculture de serre. Les serres chaudes étaient alors un luxe tout au plus permis à quelques personnes jouissant d'une immense fortune. Vers 1830 ou 1832, il n'y avait, au dire de Poiteau, que deux thermosiphons en France, tandis qu'en 1844, grâce à l'application de cette découverte et aussi à l'accroissement des fortunes particulières, la serre chaude et la serre tempérée étaient devenues un accessoire presque nécessaire de toutes les maisons de campagne, de tous les jardins appartenant à un propriétaire quelque peu aisé.

De Rothschild (1836), Fion (1838 ou 1839) et, à la même époque, Boursault et Noisette avaient fait construire les premiers jardins d'hiver. Leur exemple fut suivi et, en 1847, plusieurs horticulteurs de Paris édifiaient des conservatoires au milieu desquels on apercevait les plantes nouvelles fleuries devant fixer l'attention des amateurs. En 1848, la construction du jardin d'hiver des Champs-Élysées apparut comme une œuvre colossale; il mesurait 100 mètres de long, 65 de large et 18 de haut; on avait créé à l'intérieur un jardin anglais.

Le thermosiphon à chaudière tubulaire, amélioration due à Weeks et Cie, de Londres, se répandit en France vers 1860. A la fin du XIXe siècle, les serres de construction métallique étaient bien plus nombreuses que celles en bois; elles donnent plus de lumière, elles permettent les longues portées et, en outre, les profils curvilignes qui sont beaucoup plus élégants que les assemblages rectilignes des serres en bois. Ces dernières ont la préférence pour les Orchidées, les plantes délicates et la multiplication.

Il y eut, durant les trois premiers quarts du XIXe siècle, et principalement de 1850 à 1870, période des grandes introductions, une émulation extraordinaire entre les importateurs de plantes exotiques. Les grandes firmes horticoles anglaises et belges faisaient de grands sacrifices pour envoyer des voyageurs et des explorateurs dans les contrées inconnues. Le globe fut exploré à fond, et tous les cinq ans, aux expositions internationales d'Horticulture de Gand, on venait de tous les pays d'Europe admirer les nouveautés sensationnelles apportées des régions lointaines. Les maisons Verschaffelt, Van Houtte et Linden en Belgique, les établissements James Veitch et Son, William Bull, William Helloway, Hugh Low en Angleterre, et un certain nombre d'autres dans ces deux pays ont enrichi considérablement la flore de nos serres. A peine certaines plantes étaient-elles parvenues en France (Caladiums, Crotons, Orchidées), que nos horticulteurs rivalisaient de zèle et d'habileté avec leurs collègues étrangers pour obtenir, par l'hybridation et la voie des semis, une foule de variétés très supérieures aux espèces types par la beauté du feuillage, la grandeur et la beauté des fleurs.

Les importations étrangères se firent plus rares vers 1880. En 1888, aux Floralies de Gand, on ne vit pas de nouveauté extraordinaire, ce qui faisait écrire à Édouard André, non sans mélancolie : « Le temps des grands combats internationaux pour les plantes d'introduction directe semble passé. » Les collectionneurs tendaient à disparaître, la découverte des nouveautés « ne payait plus » ; on ne pouvait plus continuer à entretenir des voyageurs-explorateurs. Et, d'ailleurs, il devenait de plus en plus difficile de trouver des plantes nouvelles intéressantes. Aussi, à l'Exposition universelle de 1900, les Anglais et les Belges qui brillèrent dans toutes les expositions universelles précédentes, se sont presque abstenus. Aux Floralies de Gand qui ont eu lieu depuis 1900, on n'a vu apparaître ni genre, ni espèce remarquable.

L'ère des grandes importations est close ; les amateurs s'en vont, l'Horticulture s'industrialise de plus en plus. Saluons la mémoire des grands introducteurs de plantes avant d'aborder ce que fut la Floriculture de serre de 1829 à 1929.

Ajoutons, toutefois, que le Service des Parcs et Plantations, à Tananarive (M. François, chef du service), s'est efforcé, au cours de ces dernières années, de propager en France quelques plantes décoratives de Madagascar : un beau Palmier, le *Chrysalidocarpus Baroni*, quelques jolies Orchidées, les *Gastrorchis Humblotii* et *Francoisii*, une plante malgache pour suspension, le *Kalanchoe gracilipes*.

Les arbustes de serre froide.

Pendant près d'un demi-siècle, de 1820 à 1860, le Camellia du Japon a été le « roi de la serre froide ». A partir de 1820, par des croisements suivis de semis, on en obtint de belles variétés et certains collectionneurs, parmi lesquels l'abbé Berlèse, auteur de la *Monographie du Camellia*, parue en 1837, en possédaient plus de 800. Le semeur parisien le plus heureux, Pierre Tamponet, décédé en 1843, fut surnommé le « Père des Camellias ». Cet arbuste servait à orner les serres et les appartements ; sa fleur était utilisée dans les bals, dans toutes les fêtes, comme fleur de corsage et de boutonnière. Vers 1865, l'apparition des Orchidées et autres fleurs porta un préjudice considérable à la culture du Camellia en serre pour la production de la fleur coupée. La culture en pleine terre dans l'ouest de la France se développa rapidement lorsque les premiers essais entrepris en 1822, par Cachet, à Angers, eurent démontré la rusticité de l'espèce. En 1851, il y avait 250.000 Camellias de tailles diverses chez les horticulteurs nantais !

Le *Camellia japonica variegata* il y a cent ans (d'après une gravure de l'époque).

Sous le Second Empire, vers 1852, un arbuste de serre chaude, le Gardénia (*G. florida*, *G. citriodora*, etc.) aux fleurs délicieusement parfumées, fut cultivé en grand pour la production de la fleur coupée. La fleur de Gardénia ornait alors la boutonnière des snobs. Puis, la vogue passa. Les dernières serres à Gardénias et à Camellias disparurent de la région parisienne en 1900.

Le Fuchsia est un genre dont le succès a

été très grand, tant comme plante de serre froide et d'orangerie que pour la décoration estivale des jardins. La faveur des Fuchsias date de l'apparition des *Fuchsia fulgens* (1835) et *corymbiflora* (1839); par le croisement avec les anciennes espèces, ils donnèrent une magnifique série de Fuchsias hybrides qui se répandirent rapidement. Dès 1843, on mettait déjà les Fuchsias en pleine terre au mois de mai; aujourd'hui encore, ils tiennent, en beaucoup d'endroits, une place honorable dans l'ornementation des parterres.

Durant tout l'hiver, on voit chez les fleuristes des villes et l'on emploie dans les appartements, les superbes variétés d'Azalées de l'Inde (*Azalea indica*) ou d'Azalées hybrides provenant des cultures forcées en serre froide. Ce n'est que vers 1832-1835 que la culture de ces ravissantes plantes fit de véritables progrès. Leur importance horticole s'est maintenue jusqu'à nous.

Vers 1845 et jusqu'à 1860, les Bruyères et les Epacridées (*Erica, Phylica, Epacris*) du Cap et d'Australie furent l'objet d'un véritable engouement. Des amateurs se livraient exclusivement à leur culture comme autrefois certains florimanes à celle des Tulipes et des Jacinthes.

De nombreuses espèces d'Acacias (*A. dealbata, A. cultriformis, A. cyanophylla*, etc.) sont des arbres ou des arbrisseaux d'ornement que l'on soumet au forçage dans les régions de Nice, Cannes, Hyères, pour la production des rameaux fleuris vendus dans les villes sous le nom de Mimosa. Cette industrie a pris naissance dans la région méditerranéenne vers 1880 ou 1882.

Les plantes à feuillage décoratif.

Un peu après le milieu XIXe siècle, vers 1851, les plantes à feuillage décoratif devinrent fort à la mode; elles brillèrent dans les expositions pour décliner à la fin du siècle, vers 1898 à 1900. Palmiers, Cycadées, Marantacées, Pandanées, Fougères, Sélaginelles, Aroïdées, etc., étaient cultivées dans toutes les serres.

Comme espèce de serre froide, l'*Aspidistra elatior*, du Japon, introduit en 1835, fut l'une des plantes d'appartement les plus estimées jusqu'en 1900; on l'apprécie même encore aujourd'hui. Le *Fatsia japonica*, du Japon également, plus connu sous le nom horticole d'*Aralia Sieboldii*, a joui d'une grande vogue dès son introduction en 1865. Introduit des Indes vers 1815, le « Caoutchouc » (*Ficus elastica*), de serre froide ou de serre tempérée, est resté durant tout le siècle l'une des meilleures plantes d'appartement; le premier jeune pied, rapporté de Londres à Paris par Cels, fut payé 1000 francs, ce qui était une somme élevée pour l'époque. Signalons les *Cordyline indivisa, stricta, australis*, tous de serre froide, etc.

Parmi les plantes à feuillage de serre tempérée introduites depuis 1829, il faut mentionner le *Musa Ensete*, l'*Adiantum cuneatum* qui est, parmi les Fougères du genre, l'espèce la plus cultivée pour la garniture florale, les *Asparagus plumosus* et *Sprengeri*, tous les deux largement employés par les fleuristes, ainsi que le *Myrsiphyllum asparagoides*, vieille plante dont la culture industrielle ne s'est développée que vers 1895, le *Begonia Rex* qui a donné tant de variétés au feuillage éminemment décoratif, le *Chrysophyllum imperiale* qui, sous le nom de *Theophrasta* est, par son élégant et large feuillage, l'un des principaux ornements des serres, le *Tradescantia zebrina*, excellente plante pour suspension, etc.

C'est dans les plantes de serre chaude que

Caladium du Brésil.

l'on trouve les feuillages le plus richement colorés. Au premier rang se place le genre *Caladium*, dont les premières espèces introduites vers 1855, par Chantin, horticulteur à Paris, soulevèrent l'enthousiasme général. D'autres espèces furent introduites plus tard, puis à la suite des croisements opérés par Alfred Bleu surtout, par Chantrier, de magnifiques variétés au feuillage délicatement et luxueusement panaché furent obtenues.

Sous le nom impropre de Crotons, se répandirent vers 1872 des espèces du genre

Kentia Forsteriana.

Codiæum, originaires de la Polynésie, introduites en Europe par l'établissement Veitch, d'Angleterre. C'est principalement à Chantrier frères, de Mortefontaine (Oise), que l'on doit les plus belles variétés cultivées dans les serres chaudes.

Citons encore les nombreuses espèces et variétés d'*Alocasia*, l'*Anthurium crystallinum* qui est la plus belle espèce du genre à feuillage coloré, les *Bertolonia*, au feuillage si délicatement nuancé, les *Galathea* ou *Maranta*, dont l'espèce la plus connue est le *M. zebrina*, le *Cissus discolor*, la plus belle plante grimpante de serre chaude, les nombreuses variétés de *Dracæna* de serre chaude issues du *Cordyline terminalis*, à feuillage rouge, le *Cyanophyllum magnificum*, sans rival pour la majesté et la beauté de son feuillage, les *Dieffenbachia*, aux feuilles bizarrement marbrées ou maculées, plusieurs Fougères dont les *Gymnogramme* et le *Balantium antarticum*, le *Peperomia argyrea*, les nombreuses espèces de *Nepenthes*, aux urnes si curieuses, le magnifique *Pandanus Veitchii*, le *Platycerium grande*, l'*Heliconia illustris*, var. *rubricaulis* (1893), des îles de la Sonde est l'une des plus belles plantes à feuillage coloré qui aient été introduites.

Les Palmiers comptent certes au nombre des plus belles plantes à feuillage décoratif; leurs longues pennes ou leurs larges palmes produisent un grand effet. En 1872, furent introduites des îles de lord Howe, dans le Pacifique, deux espèces très cultivées pour la décoration des appartements, les *Kentia Forsteriana* et *Balmoreana;* en 1844 était arrivé le *Trachycarpus excelsus*, originaire de la Chine et du Japon; l'Amérique du Nord nous a donné les *Washingtonia* ou *Pritchardia filifera* et *robusta;* en 1877, le *Brahea Roezlii* ou *Erythea armata*, de la

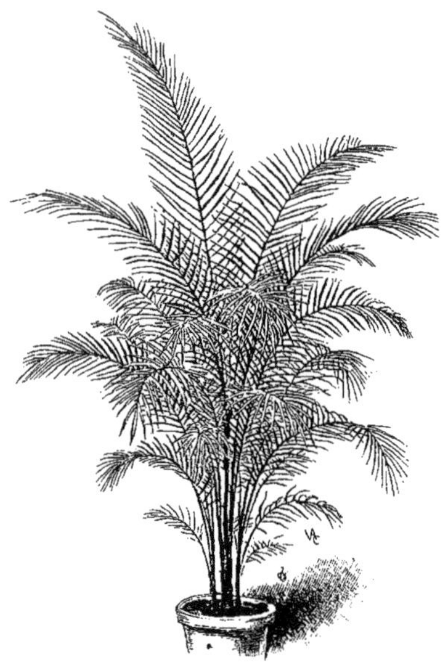

Cocos Weddelliana.

Californie, au beau feuillage glauque, se révélait comme un Palmier de premier ordre; le Siam a doté nos cultures, vers 1889, du bien joli *Phoenix Rœbelinii*, si à la mode aujourd'hui; en 1860, l'Europe empruntait au Brésil, le *Cocos Weddelliana*, au feuillage léger et gracieux. Des îles Canaries était arrivé en 1864, le superbe *Phœnix canariensis*. A cette liste, il faudrait ajouter d'autres espèces d'introduction plus ancienne qui se sont popularisées et certains Palmiers de moindre importance. Le *Trachycarpus excelsus* est rustique dans une grande partie

Phœnix canariensis.

de la France, pour peu qu'on l'abrite en hiver; les *Phœnix canariensis, Pritchardia filifera* et *robusta*, l'*Erythea armata*, le *Jubæa spectabilis*, le *Cocos capitata* sont cultivés en pleine terre sur le littoral méditerranéen et même sur d'autres points du Midi, quelques-uns à Montpellier.

Les Orchidées.

La culture des Orchidées pour la vente débuta en Angleterre dans les premières années du XIXe siècle; on soumettait ces plantes à une température trop élevée, en serre chaude. Ce n'est qu'en 1835, époque à laquelle leur culture pénétra en France, qu'on s'aperçut que beaucoup d'Orchidées s'accommodaient très bien de la serre tempérée. Neumann publia en 1836, dans les « Annales de Flore et de Pomone » un excellent article sur la « Culture des Orchidées ». En France, Auguste Rivière, et Joseph Neumann, ouvrirent la voie des hybridations d'Orchidées, mais l'Angleterre était en avance sur notre pays. Quelques horticulteurs et un petit nombre d'amateurs avaient seuls des serres à Orchidées. En 1855, elles commençaient à prendre faveur et l'on utilisait déjà le « sphagnum » pour la culture des espèces épiphytes. La grande vogue des Orchidées en France date de 1878. A partir de cette époque, tous les amateurs eurent leur serre à Orchidées; elles se popularisèrent au point qu'on les utilisa pour orner les appartements et qu'elles apparurent aux vitrines des fleuristes. L'hybridation fut entreprise par des semeurs au premier rang desquels était Alfred Bleu. D'autres se distinguèrent dans la suite : Jolibois, Opoix. Duval et fils, Mantin, Chantrier frères, Régnier, Jacob, Dallemagne. Charles Maron, Vacherot, Marcoz, Perrin, Guttin, etc.

En 1894, aux obsèques du Président Carnot, il y avait de très nombreuses couronnes d'Orchidées exotiques. De même, en 1897, pour les fêtes du jubilé de la reine Victoria, toute la production florale des serres à Orchidées de la Belgique fut dirigée

Cattleya Trianæ.

sur l'Angleterre. Alors que la culture des autres plantes de serre a décliné, celle des Orchidées subsiste, mais elle s'est industrialisée autour de Paris, chez quelques spécialistes qui multiplient et élèvent en grande quantité, pour la production de la fleur coupée, un nombre restreint d'espèces et de variétés. Les *Cypripedium,* qui étaient les Orchidées les plus cultivées en 1885, le sont moins aujourd'hui.

La place limitée dont je dispose ne me permettant pas d'indiquer les dates aux-

Odontoglossum Alexandræ.

quelles ont été introduites les Orchidées cultivées dans les serres depuis un demi-siècle, je me bornerai à énumérer, d'après les renseignements que je dois à l'obligeance de M. Perrin, orchidophile, à Clamart (Seine), les Orchidées que l'on cultive le plus communément pour la production de la fleur coupée : *Cattleya, Lælio-Cattleya, Brasso-Cattleya, Vanda cœrulea, V. suavis, Oncidium Rogersi, O. Marshallianum, O. splendidum, O. sarcodes, Phalænopsis Rimestadiana, P. Schilleriana* et hybrides de *Phalænopsis, Cymbidium* hybrides *Pauwelsi, Cérès,* etc., *Cypripedium insigne, Leeanum* et tous les hybrides, *Dendrobium Phalænopsis, D. thyrsiflorum, D. nobile, D. Wardianum, Miltonia vexillaria* et hybrides, *Odontoglossum crispum* et hybrides, *Odontioda, Renanthera Imschootiana.*

L'étude publiée en 1902, par Noël Bernard, maître de conférences à la Faculté des Sciences de Caen, sur les champignons endophytes qui vivent dans les racines des Orchidées et sur le rôle que ces champignons peuvent jouer dans la végétation et la germination de ces plantes, a été le point de départ de nouvelles recherches qui ont abouti à la pratique des germinations symbiotiques et asymbiotiques des graines d'Orchidées. De grands progrès ont ainsi été réalisés dans la culture.

Plantes diverses.

Ce n'est guère que vers 1875 à 1878, que la culture des Broméliacées, plantes ornementales par leur feuillage et par leurs fleurs, s'est propagée en France. Notre éminent prédécesseur Édouard André, qui a introduit plusieurs espèces de la Nouvelle-Grenade et publié de nombreux articles sur ces plantes, a beaucoup contribué à les faire connaître. De nombreuses espèces ont été introduites en Europe du Brésil, de la Colombie, de la Nouvelle-Grenade, etc., surtout à partir de 1865 : *Tillandsia Lindeni, Vriesea tessellata, V. corallina, V. Glaziouana, Æchmea fulgens, Nidularium fulgens,* etc., etc. Albert Truffaut et Léon Duval, de Versailles, ont obtenu, par des croisements, de magnifiques *Vriesea hybrides.* Ces belles plantes épiphytes, au port si élégant, aux fleurs si décoratives, et d'une culture facile, mais exigeant la serre chaude, n'ont pas, comme

Billbergia zebrina.

les Orchidées, survécu à la guerre, bien qu'elles aient contribué, durant un tiers de siècle, à l'ornementation des serres et des appartements; certaines espèces de *Tillandsia,* notamment, entraient dans la composition des bûches ornées, fort originales et déjà à la mode en 1880.

La famille des Gesnériacées a fourni des plantes qui ont eu beaucoup de succès, les

Gloxinias principalement, dont le vrai nom est *Ligeria speciosa*. Cè n'est que vers 1850 que ces plantes, introduites en 1835, se répandirent dans les serres. En 1855 apparurent les premières variétés à fleurs se tenant bien; à l'Exposition universelle de 1867, les variétés hybrides de Jules Vallerand, à fleurs pointillées, firent sensation; plus tard, on obtint les Gloxinias à corolles richement ponctuées, pictées, sablées, léopardées ou hiéroglyphées. Ces plantes sont moins cultivées qu'autrefois. Comme Gesnériacées, on cultive encore le *Streptocarpus × kewensis* et, souvent, le si joli *Saintpaulia ionantha*, aux fleurs de la forme et de la couleur de la Violette.

Le *Clivia miniata* ou *Imantophyllum miniatum* est resté de 1880 à 1900, l'une des plantes de serre froide les plus cultivées en vue de la vente pour orner les appartements, Il y a une quarantaine d'années, on cultivait en grand les variétés de la Primevère de Chine, tandis que maintenant le *Primula obconica* a la préférence.

Le *Begonia Gloire de Lorraine* (*B. socotrana × B. Dregei*), une des plus riches découvertes de Victor Lemoine, de Nancy, signalé en 1892, s'est dans la suite largement répandu comme plante de serre et a donné lieu à un important commerce pour les décorations hivernales.

Depuis l'obtention des races et variétés

Imantophyllum miniatum.

à grandes fleurs, fimbriées, à crête, etc, soit à partir de 1889, le Cyclamen de Perse est cultivé en grand comme plante de marché.

De magnifiques Aroïdées à fleurs, les *Anthurium Scherzerianum* et *Andreanum*, espèces types et variétés, de la Nouvelle Grenade, ont été, pendant le dernier quart du XIXe siècle, la gloire des serres chaudes. On les cultive encore chez certains amateurs.

Le *Poinsettia pulcherrima*, si remarquable par l'éclat de ses bractées écarlates, a commencé à se répandre chez les fleuristes en 1868 et, depuis, il a fait l'objet de cultures industrielles. Une autre Euphorbiacée, l'*Acalypha Sanderi*, originaire de la Nouvelle-Guinée (1898), est cultivée, çà et là, dans les serres, pour ses longs chatons cylindriques d'un beau rouge carmin.

Medinilla magnifica.

A la dernière exposition quinquennale d'Horticulture de Gand, nous avons vu en quantité la plus belle plante de serre chaude, le *Medinilla magnifica*, qui figurait déjà dans le lot de Chauvière à l'exposition de Paris en 1853.

Dans quelques grands établissements scientifiques et notamment au Parc de la Tête-d'Or, à Lyon, on voit dans une serre chaude-aquarium, la plante aquatique la plus extraordinaire par son développement et la beauté de ses fleurs, le *Victoria regia*, Nymphéacée introduite en 1838 de l'Amazone.

Les Cactées et autres plantes grasses (à

part quelques genres, comme les *Epiphyllum* et les *Phyllocactus,* qui ont toujours été

Phyllocactus hybride.

cultivés), ont été, à maintes reprises et bien injustement abandonnées. Cependant, quelques horticulteurs spécialistes et un petit nombre d'amateurs les ont constamment collectionnées. Elles ont eu un regain de succès vers 1863, suivi plus tard d'un nouvel abandon. Depuis quelques années, en France comme à l'étranger, ces intéressantes plantes tendent à redevenir populaires.

La culture des plantes de serre tend à s'industrialiser de plus en plus et à se limiter à un petit nombre de plantes produites pour la vente. On ne voit plus de plantes de serre chaude que dans quelques établissements publics et chez quelques trop rares amateurs. L'époque des grandes et belles collections particulières est finie; il faut en faire son deuil et marcher avec son temps. Avec la cherté de la vie, avec le développement de l'automobilisme qui éloigne le propriétaire de son domaine et absorbe une partie de ses revenus, il n'y a plus en France de fortunes assez grosses pour entretenir à grands frais les serres chaudes, les serres tempérées et les jardins d'hiver où se prélassaient autrefois les espèces de plantes exotiques nombreuses et variées maintenant disparues des propriétés particulières.

FLORICULTURE DE PLEIN AIR

La culture des fleurs de pleine terre a fait des progrès énormes depuis 1829. De nombreux genres ont donné, à la suite de fécondations croisées, un nombre considérable de variétés et certains d'entre eux ont pris dans la décoration des jardins et celle des appartements une très grande importance. Des plantes nouvelles ont été introduites en France.

Plantes vivaces.

Lors de la création de la *Revue horticole,* le Dahlia (*Dahlia variabilis*) était déjà populaire. Les premières variétés doubles avaient été obtenues en 1817 et, de 1820 à 1830, leur nombre s'était accru rapidement. Jacquin, auteur d'un ouvrage sur le Dahlia, publié en 1830, possédait une collection d'environ 300 variétés. Ces variétés étaient de haute taille et à gros capitules ronds. En Angleterre, on avait obtenu en 1829, des Dahlias nains, lesquels furent introduits en France en 1832, Soulange-Bodin possédait à Fromont, en Seine-et-Oise, trois arpents, soit environ un hectare, de Dahlias nains. Ces chiffres montrent combien les Dahlias étaient appréciés il y a un siècle. La vogue des Dahlias à fleurs rondes, à ligules tuyautées, à capitules lourds, dura jusqu'en 1872. Vers 1850, on commença à cultiver les Dahlias *Lilliput,* à petits capitules, obtenus en Allemagne. En 1849, à l'exposition des produits de l'Agriculture et de l'industrie, à Paris, fut présenté pour la première fois sous le nom de *Diavolo* ou *Étoile du Diable*, un Dahlia cultivé par Mézard depuis 1847 et qui ressemblait fort au D. *Juarezii* originaire du Mexique. Il n'en fut plus question dans les années suivantes, le Dahlia *Juarezii,* fut introduit en Hollande (1872), puis en France (1876), où il fut appelé *Étoile du Diable*, parce que rappelant le Dahlia de Mézard. Il a été la souche des Dahlias Cactus, aux fleurs plus légères, plus gracieuses, qui supplantèrent les Dahlias doubles à grandes fleurs, principalement lorsqu'on en eut obtenu des variétés à capitules bien dégagés du feuillage. Parmi les nombreuses races de Dahlias obtenues depuis, les Dahlias doubles décoratifs à grandes fleurs (1893) et les D. doubles géants ou D. hollandais (1898), ont fait de tels progrès qu'ils tiennent aujourd'hui la première place. Les maisons Cayeux et Le Clerc, Vilmorin-Andrieux et Cie, Nonin et fils, Charmet à Lyon, ont beaucoup contribué à enrichir les collections de Dahlias décoratifs. Citons encore les D. simples géants unicolores (1903), les D. simples parisiens (à ligules bordées de blanc ou de jaune 1900), les D. simples à couronne (1896), les D. simples à fleurs d'Anémone (1899), les D. simples à collerette (1899), les D. simples *Etoile Digoinaise* (Martin 1920). Il est peu de genres qui aient subi une évolution aussi rapide et aussi complète. Les Dahlias sont maintenant universellement estimés pour la décoration estivale et automnale des jardins. On les utilise aussi beaucoup pour orner les appartements. Leur importance a justifié la création, en 1929, d'une section spéciale des Dahlias dans le Comité de Floriculture de la Société nationale d'Horticulture de France.

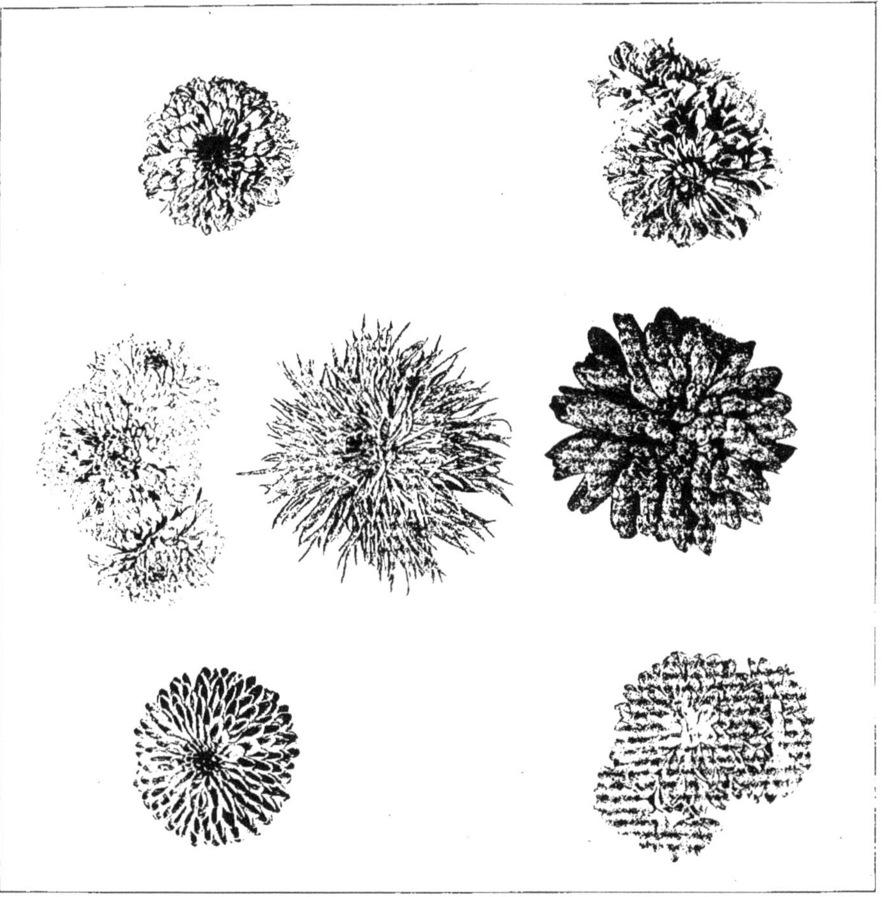

Variétés anciennes de Chrysanthèmes : de gauche à droite : en haut *Camille Hinne, Petit Louis, Pompon rose:* en bas: *Elsie Dordan, Red President* et *Caresse du soleil;* au centre : *Le Thibet.* Réduction de 2/5.

Une autre plante, le Chrysanthème, qui n'avait qu'un intérêt botanique il y a cent ans, devait prendre, à partir de 1827, date à laquelle eurent lieu les premiers semis, une importance horticole considérable. Après le capitaine Bernet, de Toulouse, qui effectua ces premiers semis et les continua, des horticulteurs du Midi et de la région parisienne se livrèrent à la recherche de variétés nouvelles. L'introduction en Angleterre, vers 1862, par le voyageur Robert Fortune, de six types de Chrysanthèmes dits « japonais », bien qu'ils soient originaires de la Chine, fut encore pour les semeurs une source féconde d'heureuses transformations portant sur la forme des ligules et la grosseur des capitules. De tous côtés, à Grenoble, à Lyon, à Toulouse, à Nancy, à Poitiers, à Biarritz, à Roubaix et surtout dans la région parisienne surgirent des semeurs. Actuellement c'est par milliers que se chiffre le nombre des variétés que l'on classe en différents groupes horticoles : les *pompons,* à petits capitules (peu cultivées), les *chinois,* ou incurvés, à capitules globuleux, les *japonais*, à ligules le plus souvent échevelées, ce qui donne aux capitules une forme irrégulière, etc.

La culture à la grande fleur, par la pratique de l'ébourgeonnement et la réserve d'un seul capitule par tige, a été adoptée tardivement en France, bien qu'elle ait été signalée en 1827 par Soulange-Bodin, dans une note sur le Chrysanthème de Chine, parue dans les *Annales de la Société royale d'Horticulture.* Ce mode de culture, en usage en Chine depuis plusieurs siècles, fut appliqué en Angleterre vers 1865 et en France seulement en 1887 par Fatzer, de Roubaix, puis en 1889 par Anatole Cordonnier, de Roubaix également. En 1896, avait lieu la création de la Société française des Chrysanthémistes et l'Exposition universelle de 1900, consacrait définitivement la renommée du Chrysanthème, dont la culture s'est industrialisée autour de Paris pour la production de la fleur coupée et en maintes régions de France pour l'obtention des plantes de marché et l'ornementation des jardins à l'automne.

Vers 1862, on notait un retour marqué à la culture de l'Œillet des fleuristes; cet essor devait se maintenir et se prolonger. En 1857, apparaissait *l'Œillet Souvenir de la Malmaison ;* en 1835, les Œillets remontants; en 1866, les Œ. remontants nains à tige de fer, obtenus à Lyon, par Alégatière ; en 1882, les Œ. *Marguerite* et, vers 1900, les Œ. remontants à grandes fleurs qui sont les plus cultivés en pots pour la fleur coupée; on cultive aussi les Œ. américains, à calice long et non crevard. La vogue est, comme pour les Dahlias et les Chrysanthèmes, aux Œillets à très grandes fleurs. Les chiffres suivants donneront une idée de la progression de la culture de l'Œillet à la grande fleur et de son succès croissant dans le monde des amateurs. A Ferrières-en-Brie (Seine-et-Marne), propriété du baron de Rothschild, on cultivait 150 plantes d'Œillet en 1878 et 20.000 en 1891. C'est quelques années plus tard que la culture de l'Œillet a pris un grand développement sur la côte occidentale de la Provence.

Parmi les autres plantes vivaces d'été et d'automne, introduites au XIXe siècle, citons l'Anémone du Japon en 1845, l'*Astilbe japonica* ou *Hoteia japonica* en 1830, l'*Iris Kæmpferi* ou *Iris lævigata* en 1850, le *Polygonum cuspidatum* en 1825, toutes plantes du Japon, le Gynérium argenté, du Brésil (1848), le *Lupinus polyphyllus,* de Californie (1826), les Cannas florifères qui sont le produit de croisements complexes entre diverses espèces, entrepris surtout par Crozy, de Lyon, à partir de 1864 et poursuivis depuis par lui et par d'autres semeurs.

Quelques plantes vivaces de printemps ont été introduites : *Aubrietia deltoidea* (1823) *Dicentra spectabilis* (1847). Une vieille plante, le *Viola cornuta* n'est cultivée en abondance que depuis un demi-siècle.

Plantes bisannuelles ou annuelles.

Le *Myosotis dissitiflora,* originaire de la Suisse et introduit en 1868 est cultivé comme plante de marché depuis une trentaine d'années.

Au nombre des introductions intéressantes, il faut citer : le *Rehmannia angulata,* de la Chine (1890); le *Petunia violacea* (1831) et le P. *nyctaginiflora* (1824), de l'Argentine, d'où sont dérivées, à partir de 1863, les magnifiques races de Pétunias hybrides; le *Salpiglossis sinuata* (1824), du Chili ; le *Verbena venosa* (1830), de l'Argentine, qui ne s'est popularisé que depuis une dizaine d'années; Phlox de Drummond (1835), Gypsophile élégant (1820); *Clarkia pulchella* et *C. elegans*, *Coreopsis tinctoria*, *Tagetes signata*, *Papaver glaucum*, le Maïs panaché, introduit seulement en 1865 des cultures japonaises.

Plantes bulbeuses et rhizomateuses.

L'engouement pour les plantes bulbeuses était en partie tombé vers 1829. Il ne restait plus guère de tulipomanes. La culture de ces plantes présente toujours une certaine importance et, à chaque printemps, on voit Tulipes, Jacinthes et Crocus orner les parterres; leurs fleurs, provenant de cultures forcées, se montrent pendant l'hiver dans les boutiques des fleuristes, Une nouvelle race de Tulipes, les *T. Darwin*, à tiges hautes, à fleurs larges, de teinte unicolore, est apparue en 1889. Les *T. Rembrandt* sont des formes à fleurs panachées de la *T. Darwin*.

De grands progrès ont été réalisés dans les Glaïeuls des jardins, qui sont tous des hybrides et dont les plus répandus sont les G. de Gand (*G. psittacinus* × *G. cardinalis*), obtenus en 1837, par Bedinghauss, jardinier du prince d'Aremberg et achetés par Van Houtte; les G. de Lemoine (*G. gandavensis* × *G. purpureo — auratus*) obtenus en 1878 par Lemoine; les G. de Nancy (*G. Lemoinei* × *G. Saundersii*), de Lemoine également en 1889; enfin les *G. hybrides de primulinus*, dont les premiers furent obtenus par Lemoine, vers 1909. Depuis, de nombreuses variétés de G. *hybrides de primulinus*, aux tons chauds, orangés, abricotés jaunes, ont été mises au commerce par les établissements Vilmorin-Andrieux et Cie, Cayeux et Le Clerc.

L'Iris a passionné, lui aussi, les amateurs et les chercheurs. Les premiers semis d'Iris sont presque contemporains de la naissance de la *Revue horticole*.

Un amateur parisien, nommé De Bure, qui habitait rue Hautefeuille, effectua, en 1822, les premiers semis et les poursuivit ultérieurement; en semant des graines d'espèces à fleurs barbues, il obtint de belles variétés qui furent remarquées. Jacques, jardinier en chef du domaine royal de Neuilly, puis, et surtout, Lémon, horticulteur à Belleville, se mirent, eux aussi, à semer des graines d'Iris; de 1836 à 1860, Lémon mit au commerce des centaines de variétés superbes qui consacrèrent sa réputation de grand semeur. Durant plus d'un demi-siècle, ses variétés firent partie de toutes les collections. D'autres semeurs, Verdier, Bacot, Pelé obtinrent des gains intéressants.

On sait que Lémon et ses collègues ne firent pas intervenir l'hybridation. De 1870 à 1895, les Iris furent quelque peu délaissés; mais en 1905 et même un peu avant, on commença à s'occuper de ce beau genre et à faire des croisements à l'aide d'espèces asiatiques à grandes fleurs : *I. macrantha* (*Amasia*), *I. cypriana*, *I. mesapotamica* (*Ricardi*), *I. troyana* et d'autres encore. C'est ainsi que l'on obtint toute une série de variétés à très grandes fleurs, aux coloris brillants. Les obtentions des Maisons Vilmorin-Andrieux et Cie, Cayeux et Le Clerc, Millet, et celles de M. Denis, amateur, sont tout à fait remarquables. L'Iris de Kæmpfer et d'autres espèces sans barbes ont donné, par le croisement, de belles variétés qui ont apporté un appoint précieux à la décoration des jardins.

Comme plantes bulbeuses introduites pendant le siècle, il faut citer les *Lilium auratum*, *L. longiflorum* et *L. lancifolium*, tous les trois du Japon, les deux derniers très employés par les fleuristes, le *Galtonia candicans* et un hybride de Lemoine, le *Montbretia* × *crocosmiæflora*.

Plantes d'hivernage ou plantes de serre utilisées dans les jardins.

Jamais, à aucune époque, on n'a utilisé tant de plantes de serre pour orner les jardins en été. Deux genres surtout, le genre Pélargonium et le genre Bégonia ont été mis à contribution.

Les Pélargoniums des jardins ou Géraniums à corbeilles sont des hybrides des *Pelargonium zonale* et *inquinans*. Il en est à fleurs simples et à fleurs doubles, à feuilles vertes et à feuilles colorées ou panachées. La race à gros bois (à fleurs simples) ou race Bruant, date de 1864. La première variété à fleurs rouges doubles s'est montrée en 1864, la première variété à fleurs blanches doubles en 1872. On trouve dans ce genre les coloris les plus riches, les plus éblouissants dans les tons rouges; depuis 1830, ces plantes entrent dans la décoration des parterres.

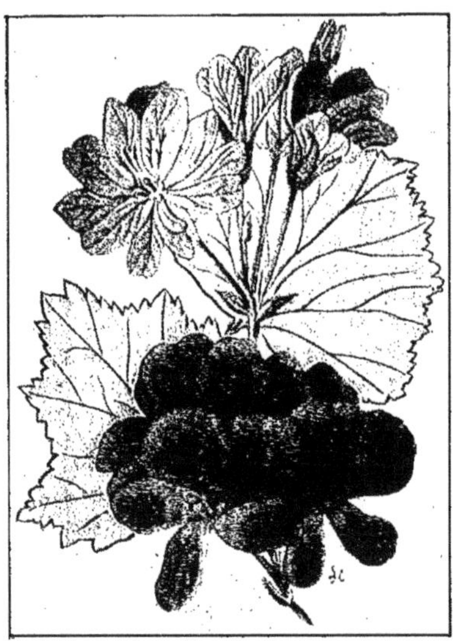

Les Pélargoniums cultivés, il y a cent ans par M. Lémon (d'après une gravure de l'époque).

Les Pélargoniums à feuilles de Lierre, si utilisés pour orner les fenêtres, sont issus des *P. peltatum* et *P. lateripes*.

Les Bégonias ont pris, depuis 1878, un essor prodigieux. En 1878 fut introduit du Brésil le *Begonia Schmidtiana*, qui fut croisé avec le *B. semperflorens*, anciennement introduit, en 1828, du Brésil également. Ainsi sont nées de nombreuses races et variétés de Bégonias horticoles suffrutescents, dont les fleurs ornent les corbeilles et les plates-bandes, situées en plein soleil, durant toute la belle saison : *B.* × *Bruanti* (1883); *B. versaliensis, B. gracilis,* etc.

En hybridant les *B. boliviensis, Davisii, Veitchii, rosæflora, cinnabarina,* et *Pearcei*, espèces du Pérou et de la Bolivie, on obtint à partir de 1872, les Bégonias tubéreux hybrides, aujourd'hui fort nombreux et classés en diverses races : à fleurs simples; à fleurs doubles (1875), *erecta superba* (1878), *erecta cristata* (1895); multiflores (1890), race obtenue par Urbain, de Clamart (Seine). Les établissements Vallerand frères et A. Billard sont actuellement spécialisés dans la production des Bégonias tubéreux.

Citons parmi les autres plantes de serre : *Abutilon Darwini*, Brésil (1871); *A. venosum*, var. *Savitzii* (1894); *Impatiens Sultani* (1880); *I. Holstii* (1902); *Calceolaria integrifolia* (1822); *Salvia splendens* (1822); *Coleus Verschaffeltii* (1861); les Coléus hybrides ont été obtenus à partir de 1868; *Iresine Herbstii* (1864); *I. Lindeni* (1868); *I. Wallisii* (1878); *Pentstemon gentianoides* (1825); *Gaura Lindheimeri* (1855); *Cuphea miniata* (1846); nombre de plantes utilisées en mosaïculture : les *Cotyledon* ou *Echeveria,* les *Alternanthera* et *Telanthera,* etc.

Plantes grimpantes et plantes aquatiques.

Quelques plantes grimpantes intéressantes ont été introduites : la Capucine de Lobb, en 1843, l'*Ipomea rubro-cærulea,* du Mexique, en 1830; le *Maurandia Barclayana,* du Mexique, en 1825; le *Boussingaultia baselloides,* de l'Equateur, en 1835; le *Polygonum baldschuanicum,* du Turkestan, en 1888, le *Muehlenbeckia complexa,* de la Nouvelle-Zélande, en 1870.

Une vieille plante, dont la culture s'est largement développée, est le Pois de senteur, originaire d'Italie et introduite en 1700. Le Pois de senteur (*Lathyrus odoratus*), fut amélioré en Angleterre à partir de 1880 et, au début du xxe siècle, il était si populaire, qu'à Londres, il existait déjà une société spéciale organisant annuellement une exposition particulière de Pois de senteur. En 1902, aux fêtes qui eurent lieu avant le couronnement à la Cour d'Angleterre, la princesse de Galles portait une gerbe de Pois de senteur. Cette magnifique plante est très cultivée en France, surtout depuis quelques années. On a introduit les plus belles variétés anglaises et notamment celles de la race *Spencer,* aux pétales gracieusement ondulés.

Des Nymphéas hybrides rustiques ont été obtenus vers 1890, et même avant, par Latour-Marliac, de Temple-sur-Lot (L.-et-G.), et Lagrange, d'Oullins (Rhône).

L'ART DES JARDINS

Évolution du style paysager.

A l'heure où naquit la *Revue horticole*, le romantisme, fait d'imagination, de sensibilité aiguë et parfois un peu maladive, était le genre littéraire à la mode. Il manquait à l'école romantique le goût de la vérité, le sens de la mesure et de la réalité. Les écrivains romantiques étaient des exagéreurs.

Cet état d'esprit ne pouvait manquer de se répercuter sur l'Art des jardins, tel qu'il existait à cette époque et surtout un peu avant. Les jardins irréguliers, les jardins paysagers étaient seuls en faveur. On les appelait alors jardins pittoresques, jardins anglais, jardins chinois, jardins anglo-chinois et les architectes de jardins portaient les noms de jardinistes-compositeurs ou, plus simplement, celui de *jardinistes* que l'on a cherché à rénover au début du xxe siècle.

Les jardins paysagers consistaient dans une succession de scènes, de tableaux pittoresques, que reliaient des allées sinueuses. Il y avait les scènes majestueuses ou grandioses, les scènes terribles, pittoresques, rustiques, tranquilles, mélancoliques. On y rencontrait à profusion des édifices variés, des *fabriques :* moulins, belvédères, colonnes, temples élevés à des divinités, obélisques, grottes, tours en ruines, fermes sans fermiers, chaumières sans habitants, et jusqu'à des tombeaux. Les propriétaires éprouvaient

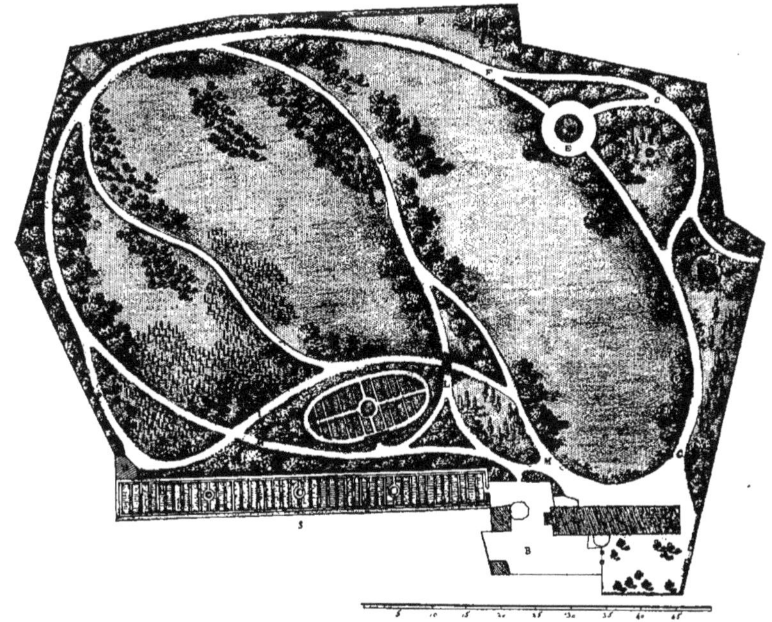

Jardin d'agrément (style paysager) dessiné par Gabriel THOUIN (n° 35 de son ouvrage *Plans raisonnés de toutes les espèces de jardins*, 3e édition 1828). D, E, G, temples; H, chaumière; en bas, encadrés par des allées, le Fleuriste et la serre chaude; en bas et à la limite du jardin, le potager.

le besoin de venir, de temps en temps, méditer sur des tombeaux! Bien plus, à chaque tournant, on se trouvait en présence d'inscriptions, de sentences, de phrases morales et romanesques. On n'avait plus le droit de penser, on vous soufflait vos sentiments! Dans le genre anglais comme dans le genre chinois, il y avait des chemins contournés, des allées serpentantes, des labyrinthes; le second genre se différenciait du premier par la présence de pagodes, de kiosques, de parasols, etc.

En 1829, une réaction se produisait déjà, le goût tendait à s'épurer. On cherchait à éviter les ornements coûteux et maniérés, véritables décors d'opéra, pour adopter des ornements plus simples et mieux adaptés à leur situation : pigeonnier, pavillon de lecture, laiterie, etc. L'imagination et le sentiment venaient d'être expulsés.

Dans les jardins de la fin du XVIIIe et du commencement du XIXe siècle, il n'y avait point de fleurs. Les fanatiques de la nature s'étaient préoccupés de produire des effets pittoresques, mais ils n'avaient oublié, pour embellir leurs jardins, que d'y mettre des fleurs! André Thouin, professeur de Culture au Muséum, ramena en France le goût de la culture des fleurs.

Son frère, Gabriel Thouin, après avoir dessiné un grand nombre de beaux parcs, publia, en 1819, sous le nom de *Plans raisonnés de jardins*, un album colorié dans lequel il reproduisait les dessins de la plupart de ses créations. Cet ouvrage, remarquable par le sens du goût et de la mesure, fit école et exerça une influence décisive sur l'art paysager pendant tout le XIXe siècle.

« L'ouvrage de Thouin, écrit Édouard André, eut un succès justement mérité. Il ramenait le tracé des jardins à des règles meilleures, les encadrant tous dans une allée de ceinture, coordonnant toutes les scènes comme dans les beaux parcs anglais, donnant pour la première fois une large part aux vues et ajoutant à ses plans des dessins d'ornements rustiques appropriés avec goût aux sites qu'ils devaient accompagner. On lui reproche pourtant, et avec raison, l'abus des allées. »

On cessa de parler des scènes sublimes, terribles, mélancoliques. Les élèves, les disciples et les successeurs de Thouin, au premier rang desquels il faut placer les frères Bühler, s'inspirèrent des idées directrices du Maître et, pendant plus de vingt ans, de la Restauration au premier Empire, presque tous les jardins créés en France reflétèrent les théories contenues dans son remarquable ouvrage. On vit partout des courbes harmonieuses, des plantations plus soignées, des arbres groupés par trois ou quatre, d'autres isolés, sur les pelouses; les parcs furent mieux fleuris. On assista à un véritable embellissement des jardins.

Vers le milieu du XIXe siècle, à partir de 1855, commença, poûr le style paysager, une nouvelle période que l'on a qualifiée de *décorative*. La Ville de Paris entreprit successivement une série d'embellissements et de créations (Bois de Vincennes, Bois de Boulogne, Parc Monceau, Buttes Chaumont, etc.). C'est de cette époque que date l'art d'onduler le terrain, que Paxton avait pressenti en Angleterre, que Bühler et Varé avaient timidement essayé en France, et qui fut largement employé par Barillet-Deschamps. Cet art, connu sous le nom de *vallonnement*, qui met en relief les arbres isolés, fait valoir les corbeilles de fleurs, donne aux pelouses des aspects agréables, se généralisa rapidement. Le tracé du jardin, par la grâce harmonieuse des courbes et le modelage du terrain, devint lui-même un élément de décoration auquel vint s'ajouter un grand luxe de plantes à fleurs, à feuillage et à port pittoresque. La période de 1850 à 1860 fut, en effet, celle des grandes importations et c'est durant cette décade que l'on eut, pour la première fois, l'idée de sortir des serres, pour les faire servir à l'ornementation estivale des jardins, les Cannas, les *Musa*, les *Colocasia*, les Palmiers et autres plantes à feuillage hautement décoratif. On s'appliqua à reproduire les scènes de la nature en conservant aux sites leur caractère principal. Le naturel, le bon goût, la mesure, devinrent les traits dominants des jardins du second Empire. Ce fut la belle période, dite *décorative*, de l'art paysager. Le mot *jardin anglais* commença à passer et, en 1865, on disait, dans tous les pays, *jardin paysager*. Les architectes de jardins portaient le nom d'architectes-paysagistes.

De grands progrès furent réalisés dans

ALEXIS LEPÈRE. — ANDRÉ LEROY. — LOUIS LHÉRAULT.

JEAN LINDEN. — LOISELEUR-DESLONGCHAMPS. — GABRIEL LUIZET.

CHARLES MARON. — ALPHONSE MAS. — GREGOR MENDEL.

JULES NANOT. — NARDY PÈRE. — CHARLES NAUDIN.

la construction des rochers artificiels. On cessa de voir ces rochers « en pâtisserie » qui déshonorèrent les jardins de 1800 à 1850. Les rocailleurs s'efforcèrent d'imiter la nature; les édicules pittoresques devinrent plus élégants et, pour les couvrir, on utilisa quelquefois la tôle ondulée inventée en Angleterre vers 1830.

Que devenait, pendant ce temps, le jardin régulier, le jardin français, qui fut à son apogée au XVIIe siècle? Il était abandonné, bafoué, ridiculisé :

« ..... Conserver quelque sympathie pour les jardins réguliers, se compromettre en leur honneur par les moindres paroles de regret, personne n'en a ni le courage, ni même la pensée. Il est vrai que les jardins purement symétriques, les jardins français par excellence sont, à très peu d'exceptions près, tellement fastidieux et même ridicules que pour se constituer leur défenseur, il faudrait peut-être encore plus de mauvais goût que de courage.....

« Une révolution a renversé les murailles de Tilleuls, les magots de charmille, les marmousets de Buis; elle a délivré du despotisme de la serpe et des ciseaux, tous ces malheureux arbres taillés, rognés, tondus trois fois par an; elle leur a rendu la libre disposition de leurs branches, de leurs formes naturelles et originales..... LUDOVIC VITET. » (*Histoire des jardins en France et en Angleterre*, 1849.)

Le style composite.

Parvenu au sommet de la renommée sous le second Empire, le style paysager ne devait pas tarder à perdre de sa vogue. Déjà, avant 1880, le style régulier commença à rentrer en grâce, timidement il est vrai, lorsqu'on admit dans les jardins le style *composite* ou *mixte*, c'est-à-dire le judicieux assemblage du style régulier et du style paysager : le premier dans le voisinage immédiat de la maison et le second plus loin. Cette conception de l'Art des jardins fut défendue par Édouard André, puis par son fils René-Edouard André.

« Encadrer l'habitation par des terrasses, des parterres, des bosquets dont l'ordonnance s'inspire de la grande époque du XVIIIe siècle, faire en sorte que la réception, la décoration, les services trouvent leur place dans un ordre harmonieux, puis à quelque distance, laisser la nature reprendre ses droits en cherchant seulement à mettre au point les paysages par la simplification des chemins, l'utilisation des eaux, la recherche des plantations, telle est, en quelques mots la formule qui paraît convenir à l'Art des jardins au XXe siècle. » (*Revue horticole* 1911.)

Vers le retour au jardin régulier.

Cette combinaison du style géométrique et du style paysager, que l'on croyait devoir être la formule de l'avenir, pourrait bien avoir une courte durée. Depuis quelques années, on parle beaucoup du style régulier et voici qu'à la suite de l'Exposition internationale des Arts décoratifs de Paris en 1925, on cherche à abattre le jardin paysager pour mettre à sa place le jardin régulier. Nous lisons dans *Rue et Jardin* (Rapport général de la Section artistique et technique de l'Exposition des Arts décoratifs) :

« Une copie de la nature risque fort d'être une parodie, voire une caricature. Les vallonnements et les pelouses, les rochers et les labyrinthes, les cascades et les étangs imaginés par les jardinistes ne rappellent que de très loin les éléments naturels qu'ils tendent à évoquer. Aussi, bien qu'ils caractérisent le traditionnel jardin anglais, ne constituent-ils que rarement son attrait.

« Les effets les plus heureux ont été obtenus en supprimant certains obstacles, en ouvrant des perspectives, en les encadrant habilement. Somme toute, l'école paysagiste doit ses plus sûres réussites à un arrangement plutôt qu'à une imitation de la nature. »

Telles sont les critiques dirigées contre l'école paysagiste par sa rivale, l'école dite *méthodique*. Elle nous dit qu'à notre époque de lutte et de machinisme, l'homme est habitué au spectacle incessant d'organes exacts, précis et méthodiquement combinés. L'école méthodique entend nous ramener, non au jardin symétrique qu'était l'ancien jardin français, mais au jardin régulier :

« Il est donc très naturel, dans notre amour de l'ordre et de la mesure, que nous aspirions à exercer une manière d'emprise sur la nature elle-même. A ces besoins correspondent les données du jardin régulier, ses divisions nettes, ses justes proportions, ses lignes bien équilibrées que sées, des bordures, des haies, des charmilles taillées au cordeau et rognées à la serpe engendreraient l'ennui. Le dessinateur de jardins n'a garde de tomber dans cet excès;

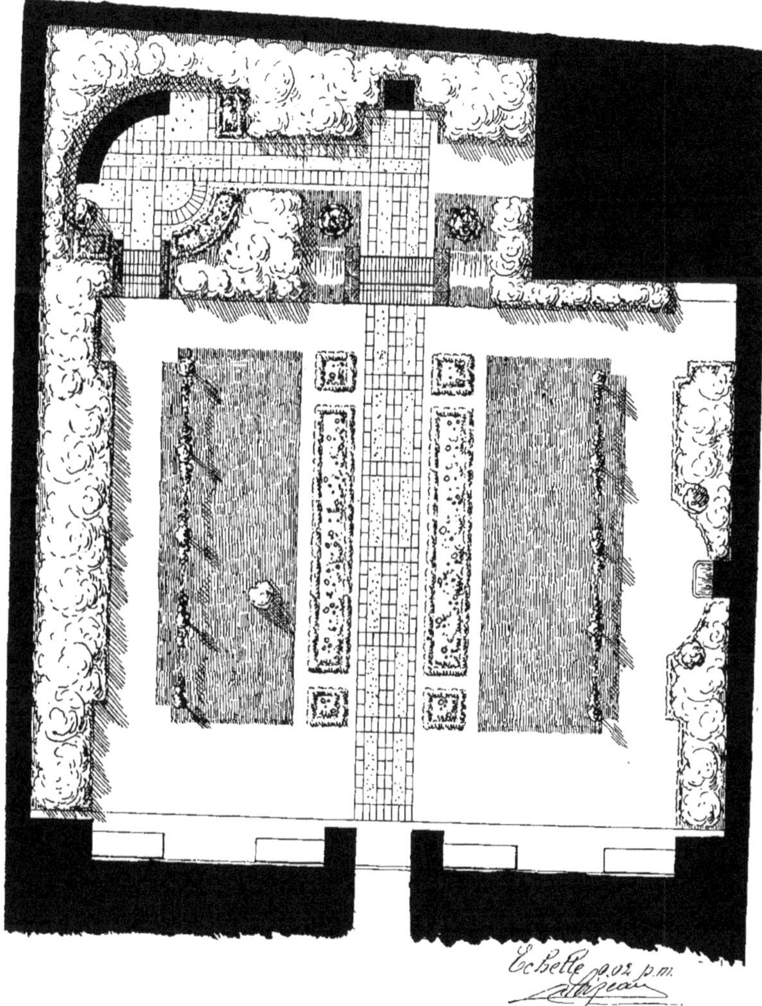

Plan d'un jardin de ville moderne.

l'on embrasse d'un regard. Elles satisfont notre esprit, s'harmonisent avec des habitudes acquises. »

Que doit être le jardin régulier, tel que l'entend l'école méthodique?

« Des plates-bandes minutieusement ratis-

il prise les dispositifs réguliers, mais la régularité n'entraîne point forcément la symétrie, elle implique tout au plus des équivalences. Il introduit dans le tracé une certaine liberté. Il tire parti des accidents du terrain. S'il supprime les vallonnements et les pentes, il ménage des terrasses et des escaliers. Il emprunte à l'eau le charme de son murmure et de ses reflets. A défaut de cascades et de ruisseaux, il érige des fontaines et creuse des bassins. Il joue largement de la couleur, recourant à la fois aux éléments inertes et aux végétaux : la pierre des murs de soutènement, les dallages, la céramique de revêtement qu'il enlève sur des fonds de verdure, surtout sur le gazon et les fleurs.

« Ces fleurs, il ne les soumet point forcément à la rude discipline que l'on croit, il se contente de les répartir judicieusement suivant leur destination, ici basses et de courte tige, là vivaces et rustiques, là grimpantes. Quant aux arbustes et aux arbres, s'il demande au sécateur de leur imposer une forme, il leur donne parfois plus d'aisance et les laisse croître à leur gré à distance de la maison, jusqu'à ne plus former qu'un rideau mouvant où il pratique d'amples vues.

« Ainsi, faisant la transition entre la demeure et la campagne, le jardin moderne, harmonieusement ordonné suivant un rythme réfléchi, n'exclut pourtant pas le riche apparat que lui fournit l'Horticulture. Peut-être l'utilise-t-il avec plus de logique que le jardin paysager. En tout cas, il s'adapte mieux à nos tendances, s'accorde par ses grandes lignes avec l'architecture de nos habitations, se plie même, quand il nous sied, par de menus détails de réalisation facile, à nos besoins et à nos goûts. »

Il ne semble pas que le jardin régulier, dont on vient de lire le panégyrique, serait aussi calme, aussi reposant, que le jardin paysager. Il ne se prêterait pas, comme ce dernier, à la plantation de belles espèces d'arbres (feuillus et résineux) exotiques que l'on admire sur les pelouses des jardins paysagers. L'avenir décidera du choix entre le style régulier et le style paysager. C'est lui qui décidera si les trois éléments du jardin, le terrain, les eaux et les arbres, devront être confiés à des architectes pour être traités comme des pierres de taille et soumis à l'inflexible symétrie des lignes et des proportions.

Un jardin blanc en 1929; il n'y a que des fleurs blanches.

Dans la plupart des jardins réguliers que nous avons vus à l'Exposition internationale des Arts décoratifs, l'architecture s'était adjugée la part du lion. Aussi bien, on était en présence de « jardins d'architectes ». L'Horticulture avait un rôle plutôt secondaire.

Si, comme l'écrit Vacherot, les tendances

actuelles sont de revenir aux jardins symétriques des anciens, « il ne faudrait pas y revenir sans discernement et, sous prétexte de créer du nouveau, multiplier par trop les palais de verdure, les murs de charmille, ni par trop déformer les Ifs et les Buis; revenir aux bassins péniblement assujettis aux formes géométriques; défigurer la nature jusqu'à la rendre méconnaissable en laissant la vanité et la richesse la chasser pour lui substituer à outrance le luxe et la régularité ».

Les jardins réguliers redevenant de nouveau à la mode, les treillages, longtemps délaissés, ont fait leur réapparition à la fin du XIXᵉ siècle. Il y en avait de très beaux à l'Exposition universelle de 1900.

L'ORNEMENTATION DES JARDINS

Lorsque j'ai entrepris cette étude historique de l'Horticulture pendant la période de 1829-1929, je me suis demandé comment les jardins étaient ornés il y a un siècle. Après maintes recherches infructueuses dans les publications de l'époque, je commençais à désespérer de trouver le moyen de répondre à la question que je me posais. Enfin, la solution se présenta, dans la *Revue horticole* même, grâce à un article de M. Eugène Vallerand, paru en 1890; cet article indiquait la composition des parterres un demi-siècle auparavant et même un peu au delà, ce qui nous ramène à 1835 ou 1840, c'est-à-dire aux premières années de notre journal. A l'époque, pour orner les plates-bandes et les corbeilles, on associait les plantes vivaces et les plantes annuelles, ce qui demandait beaucoup de main-d'œuvre. Je ne saurais mieux faire que de reproduire ici un passage de la fort intéressante étude de M. Vallerand :

« Dans ces anciens jardins, les plantes vivaces rustiques qui se partageaient l'ornement avec les plantes annuelles, constituaient le principal ornement. On voyait ainsi, depuis les premiers jours du printemps, jusqu'à la fin de l'automne, s'épanouir successivement, d'abord les Primevères des jardins, puis des Ancolies, des Juliennes (*Hesperis matronalis*), des Jacées, des Croix de Jérusalem (*Lychnis chalcedonica*), des Œnothères, des *Delphinium*, des Verges d'Or, des Campanules, des Monardes, des Aconits, des Soleils vivaces, des Asters, des Phlox vivaces, des Chrysanthèmes, etc., et puis alternant avec les plantes que nous venons de citer, toutes les collections de belles et coquettes plantes annuelles revenant à chaque saison de manière à maintenir ces jardins toujours fleuris. C'est ainsi que l'on voyait à tour de rôle s'ouvrir les corolles des Silènes, des Ravenelles (Giroflée jaune), Cynoglosses, Juliennes de Mahon (*Hesperis maritima*), Violettes marines (*Campanula medium*) Œillets de poètes, Roses Trémières, Belles de nuit, Belles de jour, Giroflées, Zinnias, Roses d'Inde (*Tagetes erecta*), Coréopsis, Reines-Marguerite, etc. Si, à cette liste, on ajoute quelques genres de plantes à rhizomes ou à bulbes tels que Jacinthes, Renoncules, Anémones, Glaïeuls, Tigridias, Alstrœmères, etc., on aura un aperçu des plantes qui formaient la décoration de ces anciens jardins que l'on chercherait vainement aujourd'hui.

« Par cette ancienne méthode, les fleurs se renouvelaient sans cesse, offrant à chaque saison un nouvel attrait et j'ai encore présent à la mémoire le charme que procure le mélange de fleurs de toutes tailles, de toutes formes et de toutes nuances. Peut-être y reviendra-t-on, au moins dans une certaine mesure. »

Je puis ajouter qu'en 1829, les Mufliers étaient couramment cultivés, mais comme plantes vivaces, tandis qu'aujourd'hui, ces jolies plantes, redevenues à la mode, sont employées comme plantes annuelles dans la décoration des parterres. Il convient de signaler que les anciens Mufliers étaient de haute taille, tandis qu'aujourd'hui, on a des races naines et demi-naines.

Vers 1835 à 1840, la décoration des jardins se transformait. Déjà, en 1822, Lémon, horticulteur à Belleville (Paris), expérimentait avec succès la culture en plein air des *Pelargonium zonale* et *inquinans* jusque-là cultivés uniquement dans les serres. On créa des parterres, des corbeilles dans lesquels on planta des *Pelargonium zonale*, des Verveines, des *Pentstemon gentianoides,* des Pétunias, des Héliotropes, c'est-à-dire toutes plantes à floraison continue depuis mai jusqu'aux gelées. Il n'y avait qu'une seule mise en place à faire au mois de mai; les autres soins consistaient dans l'entretien des plantations; d'où une grande économie de main-d'œuvre et un notable progrès.

En 1856-1857 et pendant les années suivantes, des plantes de serre à feuillage décoratif furent livrées avec succès à la pleine terre, et disposées sur les pelouses en isolés, par petits groupes ou en massifs : *Panicum plicatum*, Gynérium argenté, *Phormium tenax, Colocasia esculenta, Cyperus Papyrus, Cyperus alternifolius*, Aralias, *Dracæna*, Cannas, *Gunnera scabra, Wigandia Caracasana*, Ricin, *Ferdinanda, Grevillea robusta, Coleus Verschaffeltii, Solanum robustum, Begonia ricinifolia, Begonia Rex*, *Montanea heracleifolia*, les divers Bambous, et un certain nombre de plantes à fleurs, telles que le *Cassia floribunda*, l'*Hibiscus rosa-sinensis*, le *Plumbago capensis.* On vit apparaître pour la première fois le *Musa Ensete* sur une pelouse, en 1862, au Parc Monceau. Dans ce beau jardin, on fit de nombreux essais qui exercèrent une grande influence sur la décoration des jardins en France. Le Fleuriste municipal de La Muette, à Paris, arbitre de l'élégance florale, donnait alors le ton pour la composition des corbeilles.

De 1855 à 1870, ce fut l'apothéose des plantes à feuillage ornemental, encore appelées *plantes pittoresques.* On se passionna pour ces plantes, on en abusa même peut-être. Partout, en France, en Allemagne, en Angleterre, en Russie, elles fixèrent l'attention des amateurs.

Jardin public de Pau.
Corbeille à bords festonnés, comme on en voit quelquefois.

A la même époque, vers 1860-1865, on essayait dans le Centre et dans le Midi la culture des Palmiers rustiques. Comme l'écrivait Naudin en 1864, « la Palmiculture de pleine terre a décidément pris droit de cité parmi nous ». En 1868, le *Trachycarpus excelsus* était considéré comme acquis à la pleine terre dans toute la France.

On continua à sortir des serres des plantes à fleurs et à feuillage pour les utiliser à la décoration des jardins. Vers 1862, on employa le *Begonia Evansia*, de la Chine, souvent appelé *Begonia discolor.* C'est vers 1872, que l'on commença à se servir des divers Bégonias tubéreux qui devaient tenir, plus tard, une place considérable dans les parties ombragées des jardins.

Quelques années auparavant, on utilisait divers Bégonias. Voici d'ailleurs les principales plantes qui entraient dans la décoration des jardins en 1869. Les Pélargoniums constituaient le fond. Après venaient les Anthémis ou Chrysanthèmes frutescents, les Verveines, les Pétunias, les *Ageratum,* les Héliotropes, les *Lobelia Erinus* et *cardinalis*, les Calcéolaires jaunes, les *Tagetes signata* et *pumila,* les Phlox de Drummond, les *Begonia semperflorens, lucida, castanæfolia*, *fuchsioides*, les Lantanas. les Fuchsias, les Dahlias, puis comme plantes à feuillage coloré : *Senecio Cineraria*, *Centaurea candidissima*, *Gnaphalium lanatum*, Pérille de Nankin, *Coleus Verschaffeltii, Iresine* (*Achyranthes*). Pyrèthre doré et quelques autres.

L'emploi de la Sauge écarlate (*Salvia splendens*) remonte également à l'année 1872.

Un autre mode de décoration, la *Mosaïculture,* était signalé en 1869. La *Revue horticole* mentionnait que des plantes naines telles que *Cerastium, Alternanthera* servaient à faire des « corbeilles de fantaisie » produisant un très joli effet. La mosaïculture était née, mais le mot n'existait pas encore. Elle se développa surtout après l'Exposition universelle de 1878, où le public admira les quatre dessins de mosaïque placés aux angles du Pavillon de la ville de Paris et représentant les armes de la vieille Lutèce. Ce fut de l'engouement. On vit des mosaïques dans toutes les propriétés privées; quelques-unes, d'un mauvais goût parfait, représentaient des animaux fabuleux. Cette fantaisie des « tapisseries florales » ne dura guère qu'une vingtaine d'années. La mosaïculture perdit du terrain, tout en conservant une certaine place et les dessins des jardiniers s'améliorèrent peu à peu. Depuis la guerre de 1914, on a cessé de faire de la mosaïculture dans la plupart des propriétés particulières. Mais on voit encore aujourd'hui de belles mosaïques dans les jardins publics de la plupart des grandes villes. Une exception doit être faite pour Paris, où ce genre de décoration est complètement abandonné.

LE HAVRE, *Jardin de la place de l'Hôtel-de-Ville.*
Corbeille de *Cannas* entourée d'une large bande décorée en mosaïque.

Examinons maintenant les méthodes adoptées pour la composition des corbeilles. On fit d'abord des corbeilles unicolores, d'une même plante, avec bordure en arceaux peints.

Vers 1860, on planta les corbeilles en lignes concentriques de plantes de coloris différents, ce qui les faisait ressembler, de loin, aux devantures des marchands de couleurs;

chaque corbeille était bordée de plantes naines ou maintenues basses par des pincements : Verveines, Pétunias, Héliotropes, *Gnaphalium*. On fit aussi, à cette même époque, des corbeilles dans lesquelles n'entraient que des plantes à feuillage coloré (Coléus, etc.).

Plus tard, vers 1886, tant au jardin du Luxembourg à Paris, que dans la propriété des Touches (Indre-et-Loire), qui appartenait à M. Alfred Mame, on utilisa des plantes de haute taille élevées sur tige, disséminées sur les corbeilles : Pélargoniums de $1^{m},50$ - 2 mètres de haut, Fuchsias, Lantanas, Héliotropes, etc. ; au-dessous, formant tapis, des plantes basses : *Lobelia Erinus, Coleus, Iresine*, Pélargoniums, etc. On employa encore bien d'autres plantes de haute taille : *Nicotiana colossea, Cordyline indivisa, Abutilon Thompsoni*, Cannas à fleurs, *Cyperus Papyrus*, etc., etc. On eut ainsi des corbeilles possédant de la hauteur et du relief. Ce mode de composition est toujours en usage.

Signalons encore la plantation, dite « en salade » déjà appliquée vers 1895-1898. Le jardinier procède par taches, c'est-à-dire qu'il y a répétition, de distance en distance, de touffes d'une même plante qui tranchent nettement sur les nuances variées des autres plantes.

Et voici maintenant que, revenant au point de départ, tout comme en 1829, on associe de nouveau, dans certains jardins, les plantes annuelles et les plantes vivaces.

La composition des corbeilles et plates-bandes présente beaucoup plus de variété qu'autrefois ; elle est devenue de plus en plus compliquée.

Jardin public de Bordeaux.
Corbeille de Cannas, bordée de *Gnaphalium lanatum* palissé sur une ossature ornemanisée.

Il en est de même des bordures. Le jardin du Luxembourg, qui réglait la mode avant la guerre, avait, à la fin du XIXe siècle, de larges bordures de $0^{m},60$ comprenant 3, 4 ou 5 rangs concentriques de plantes différentes.

On voyait aussi des bordures dites *embellies*, dans lesquelles il y avait, sur le même rang, alternance de deux plantes différentes.

Au début du XXe siècle, vers 1907, on trouvait autour de certaines corbeilles, des bordures en mosaïque de $0^{m},50$ à $0^{m},60$ de largeur. Aujourd'hui, ce genre de bordures est très répandu dans de nombreux jardins publics.

D'abord uniquement cultivés pour leur feuillage, parce que peu florifères, les Cannas devinrent, à partir de 1865 et grâce à des croisements, de plus en plus florifères. C'est depuis 1889, après la belle présentation de Cannas à fleurs faite par Crozy à l'Exposition universelle, que l'emploi de ces plantes progressa rapidement.

A la fin du XIXe siècle, les Pélargoniums tenaient encore une large place dans la décoration estivale des jardins, soit, à Paris, le tiers du total des plantes utilisées. Pour les décorations printanières, le *Silene pendula*, le *Myosotis alpina*, dont la floraison est de courte durée, sont délaissés. On se sert des Pensées, des Giroflées jaunes, des Pâquerettes doubles, des Primevères des jardins, de l'*Alyssum saxatile*, de l'*Iberis sempervirens*, des *Arabis alpina* et *albida*, etc.

Les Bégonias à fleurs prennent une place de plus en plus grande dans les parterres, aux dépens des Pélargoniums cependant toujours largement employés. Les Dahlias jouent un rôle grandissant tant ceux de haute taille (D. décoratifs, etc.), que les Dahlias nains pour bordures, genre *Jules Closon*. A l'automne, depuis 1884, date à laquelle le Muséum d'Histoire naturelle de Paris donna l'élan, les Chrysanthèmes à massifs interviennent dans la décoration des parterres.

Corbeille ronde de mosaïque florale au Parc de la Tête-d'Or, à Lyon.

Dès 1864, l'attention des amateurs a été appelée sur la création des Fougeraies et, depuis 1884, les nombreuses et magnifiques variétés de Nymphéas hybrides se sont répandues dans les pièces d'eau de nos parcs.

L'ART FLORAL

A la dernière exposition internationale d'Horticulture de Paris, en mai 1927, M. Édouard Debrie, habile fleuriste de la capitale, avait, dans une présentation originale et très admirée, montré l'évolution de l'art floral pendant le siècle écoulé. Que de progrès réalisés depuis 1829 ! Il y a loin des compositions banales d'il y a cent ans aux œuvres d'un goût si sûr et si délicat dans lesquelles nos artistes fleuristes affirmaient leur talent avant la guerre de 1914. Depuis, et notre ami Sauvage le montrera plus loin, l'art floral a plutôt décliné.

En 1829 donc, on faisait des bouquets

plats, serrés; celui de M. Édouard Debrie comprenait des rangs alternés de Bleuets et de Roses pompon, le tout enveloppé dans un papier blanc à bord dentelé. On confectionnait aussi des bouquets ronds, des bouquets pyramidaux, mais serrés, les fleurs étant accolées les unes aux autres. A cette époque, les femmes portaient des petits bouquets de corsage composés de fleurs très rapprochées; le bouquet avait, comme le précédent, un papier blanc dentelé et il était entouré de rubans de couleur qui pendaient extérieurement. C'est ce même bouquet que, cent ans plus tard, les femmes de 1927 mettaient à leur corsage; il avait le même aspect général, mais il était en fleurs artificielles au lieu d'être en fleurs naturelles! On portait aussi, dans les bals, et l'on porta pendant longtemps encore, des fleurs de Camellias.

Bientôt, les bouquets devaient acquérir plus de grâce et surtout plus de légèreté. En 1840, Madame Prévost, la fleuriste réputée du Palais-Royal, à Paris, chez laquelle fréquentaient les Gandins, inventa la gerbe, qui éclipsa plus tard les gros bouquets lourds et inélégants que l'on avait vus jusqu'ici.

Dans la composition de M. Ed. Debrie, symbolisant les noces d'argent de la Société nationale d'Horticulture (1852), on voyait une belle gerbe de Roses autour de laquelle s'élançaient des épis métallisés.

Sous la monarchie de juillet et sous la République de 1848, les plantes de terre de bruyère étaient très en vogue; aussi, pour orner les appartements, on vendait beaucoup d'Azalées, de Rhododendrons, de Camellias et de Myrtes en pots.

Sous le second Empire et au début de la troisième République, les gerbes devinrent plus légères, plus gracieuses, de composition plus variée; on fit de plus en plus appel aux fleurs à longue tige. C'est ce que nous montrait la corbeille symbolisant les Noces d'Or (1877) de la Société nationale d'Horticulture. Elle était formée d'un mélange de Callas jaunes, de Calcéolaires et de retombées d'*Adiantum Farleyense* d'où jaillissaient des épis d'or.

L'Impératrice Eugénie aimait particulièrement la Violette de Parme; aussi la Violette fut-elle en faveur. Les snobs ornaient leur boutonnière de fleurs de Camellia ou de Gardénia.

Les premiers aquariums d'appartement pour poissons rouges et plantes aquatiques, venant d'Angleterre, furent présentés à l'Exposition universelle de Paris, en 1855.

En 1875, une fleuriste, Madame Sauvageot eut l'idée de garnir les corbeilles, non plus de fleurs coupées, mais de plantes fleuries en pots séparées par des plantes à feuillage vert (Fougères, etc.).

Vers 1880 et même un peu avant, on vit apparaître les premiers sujets en fleurs plaquées : œufs, ancres, lyres, coussins de fleurs, etc. A l'exposition de Paris, en 1879, Gabriel et Bernard Debrie présentaient un panier de Roses et une lyre de Roses sur fond de velours noir. A cette même exposition, Madame Briollet avait présenté un salon meublé avec fleurs et plantes pour donner un aperçu du rôle que peuvent jouer les plantes et les fleurs dans la décoration des appartements et l'effet qu'on en peut obtenir. La démonstration fut on ne peut plus complète et on ne peut plus heureuse. Ce fut l'une des attractions de l'exposition. Le fait est qu'auparavant, on ne voyait guère que des bouquets montés et même des fleurs artificielles auxquelles allaient — ce qui est un comble! — des récompenses de la Société d'Horticulture.

Le développement de la culture des Broméliacées apporta un élément original pour la décoration des appartements. Avant 1880, on utilisait *Tillandsia*, *Vriesea*, etc. pour faire les bûches ornées, curieuses, bizarres et élégantes.

A cette même époque (1880-1885), M. Debrie modifia les corbeilles imaginées par Madame Sauvageot, en y utilisant les Crotons et autres plantes à feuillage coloré.

Les Orchidées devinrent à la mode, on les utilisa dans les corbeilles et, en 1888, elles jouissaient d'une telle faveur qu'elles jouaient le rôle principal dans les types de décorations florales présentés à l'exposition de Paris et qu'on les employait jusque dans la coiffure des femmes et pour la garniture du corsage. On associait plantes et fleurs à des rubans. De 1888 à 1903 ou 1904, il était d'usage d'ensevelir les fleurs sous des flots de rubans de couleurs éclatantes. Il y avait là un abus, une faute de goût contre laquelle s'éleva, avec raison, la presse horticole.

C'est principalement à la fin du second Empire que l'on a attaché beaucoup d'importance à la décoration des appartements. Dans la suite, on a utilisé des plantes de plus en plus nombreuses. Il y a un demi-siècle, vers 1878-1880, les Palmiers les plus recherchés pour cet usage étaient le *Chamærops excelsa*, et, en petite quantité, le *Seaforthia elegans*. On employait beaucoup le *Dracæna indivisa*, le *Ficus elastica*, l'*Aspidistra elatior* puis comme plantes à fleurs l'*Imantophyllum miniatum*, les Primevères de Chine, les *Epiphyllum*, les Bruyères et un peu d'Anthémis (*Chrysanthemum frutescens*), Vers 1891-1894, on employait aussi les *Phœnix*, les Bouvardias, les *Araucaria excelsa*, etc.

Décoration florale d'une automobile et d'une voiture à une fête des fleurs de Paris.

On ne lira pas sans intérêt la description d'une boutique de fleuriste, il y a une quarantaine d'années (Philippe de Vilmorin. *Culture et commerce des fleurs*) :

« Les Palmiers et les grandes Fougères dont les frondes montent jusqu'au plafond abritent les Azalées et les Rhododendrons, les *Dracæna* aux larges feuilles colorées, les Bouvardias et les *Stephanotis*, les Clivias aux larges feuilles rubanées et aux fleurs orange, les Poinsettias dont la collerette de bractées rouge vif entoure les petits fleurons jaunes.

« Dans les hauts vases étroits, les gerbes de Lilas blanc alternent avec les gerbes de Roses. Aux fenêtres, entre les petits Araucarias symétriques et les larges Cycas, s'entassent les bottes d'Anémones, de Jacinthes, de Narcisses suivant la saison, tandis qu'une foule de récipients variés contiennent, disposées avec goût, les plantes bulbeuses, le Muguet blanc ou rose, les Cyclamens à grandes fleurs, si étonnamment perfectionnés de nos jours. Des Broméliacées variées, *Tillandsia*, *Vriesea*, *Æchmea*, garnissent les suspensions avec les *Epiphyllum* aux fleurs carminées et les Bégonias ou Sédums sarmenteux.

« Partout se voient les Orchidées si bizarres, si variées et si belles qui sont en train de conquérir une place de premier ordre dans la décoration florale.

« Dans de petites corbeilles simples, remplies de mousse, sont disposés les Gardénias, les Camellias, les Œillets et les Violettes de Parme destinés aux boutonnières et partout la verdure des Sélaginelles, des Fougères, des *Isolepis* se mêle agréablement aux teintes vives des fleurs. »

Où sont les Broméliacées, les Gardénias, les Camellias, les Bouvardias d'antan?

Mais il y a maintenant les Hortensias, les Primevères obconiques, les *Lilium lancifolium* et *longiflorum*. Il y a toujours les Orchidées, les Azalées et le Lilas blanc. Les Roses, les Cyclamens et les Œillets sont aussi abondants que par le passé.

Il y avait, en 1900, à Paris, 480 fleuristes achetant pour des millions de francs de fleurs et de plantes.

∴

Au moment de terminer cette étude historique de l'Horticulture française pendant les cent dernières années, je me rappelle les nombreuses journées passées à feuilleter patiemment la collection complète de la **Revue horticole,** *à tourner les pages jaunies des vieux volumes poussiéreux.*

J'ai vu défiler sous mes yeux tous les grands noms de l'Horticulture, écrivains horticoles illustres et praticiens célèbres qui ont enlevé tant de trophées dans les expositions parisiennes et provinciales durant un siècle!

J'ai vu passer aussi, au fur et à mesure de leur introduction, les noms des espèces nouvelles. J'ai vu enfin les noms d'innombrables variétés de plantes créées par les horticulteurs. Que sont-elles devenues ces variétés de fleurs qui charmèrent tant de millions d'humains? La carrière horticole des variétés de plantes est brève, bien souvent. La plupart sont disparues comme sont disparus également ceux et celles qui les ont admirées. Les fleurs passent comme des ombres! Les hommes passent comme des fleurs!

Mais l'Horticulture, changeante et toujours jeune, demeure, poursuivant, guidée par des mains nouvelles, ses conquêtes, son évolution et ses progrès.

F. Letaurd

GRANDES FIGURES HORTICOLES DU SIÈCLE ÉCOULÉ

Dans l'étude historique de l'Horticulture qui précède, nous avons tenu à publier les portraits des personnalités (hommes de science, horticulteurs, jardiniers, amateurs) qui ont le plus contribué aux progrès de l'Horticulture pendant le siècle écoulé. On y a vu surtout des Français et, parmi eux, deux femmes qui se sont illustrées par leurs travaux. Notre « Livre d'Or de l'Horticulture » est forcément très incomplet, car durant la première partie de la vie de notre journal, la photographie était à ses débuts; aussi, beaucoup d'horticulteurs célèbres sont partis sans nous laisser leurs traits et nous le regrettons vivement. D'autre part, pour un certain nombre d'horticulteurs décédés il y a moins longtemps, sans laisser de descendants en ligne directe, il nous a été impossible de nous procurer leur portrait. Nous avons cru devoir publier, en outre, les portraits de quelques personnalités étrangères qui ont largement contribué aux progrès de l'Horticulture française.

Pour illustrer cette partie du numéro, nous avons utilisé les collections de la *Revue horticole* et du *Jardin*, nos photographies personnelles, celles qui ont été mises gracieusement à notre disposition par des amis, par les familles de quelques disparus, le Muséum d'Histoire naturelle de Paris, la Société nationale d'Horticulture de France. Nous avons enfin emprunté quelques figures aux ouvrages suivants : BALTET, *L'Horticulture française, ses progrès, ses conquêtes depuis 1789; Le Livre d'Or des Floralies Gantoises* année 1913 ; MOLON, *Bibliografia horticola*.

Nous avons fait tout notre possible, et la tâche était ardue, pour faire revivre dans la mémoire de nos contemporains, les grands disparus de l'Horticulture; les courtes biographies suivantes constitueront un complément qui sera certainement apprécié. F. L.

ADANSON (Mme Aglaé). — Fille de l'académicien Michel Adanson (1727-1806), botaniste explorateur. S'est beaucoup occupée de la création et de l'entretien du beau Parc-Arboretum de Balaine (Allier). Auteur de la *Maison de Campagne*.

ALPHAND (Jean-Charles-Adolphe). — Né à Grenoble en 1817, mort en 1891. Membre de l'Institut, directeur des travaux de la Ville de Paris et, à ce titre, il a présidé aux vastes embellissements de la capitale sous le second Empire, auteur des *Promenades de Paris*, de l'*Art des Jardins*.

ANDRÉ (Edouard). — Rédacteur en chef de la *Revue horticole*. Né à Bourges, où son père était horticulteur, en 1840, mort à Bléré (Indre-et-Loire) en 1911. D'abord jardinier principal de la Ville de Paris, puis architecte paysagiste. Créa de nombreux parcs publics et privés en France et à l'étranger. Fit un voyage d'études dans l'Amérique du Sud, d'où il importa de nombreuses plantes. Professa le cours d'Architecture des jardins à l'École nationale d'Horticulture de Versailles. A publié l'*Art des Jardins* (1879), *Les Plantes de terre de bruyère* (1864), etc. Fut membre de l'Académie d'Agriculture.

BALTET (Charles). — Grand pépiniériste et célèbre pomologue décédé à Troyes en 1908, à l'âge de 77 ans. L'un des écrivains horticoles les plus féconds. A publié de nombreux ouvrages dont l'*Art de greffer*, devenu classique.

BARILLET-DESCHAMPS. — Célèbre architecte paysagiste, né en 1824, décédé en 1873 à Vichy. Sous le second Empire, il fut chargé par Haussmann et Alphand, de transformer le Bois de Boulogne, le Bois de Vincennes, le Parc Monceau, les Champs-Elysées. Créa les Buttes-Chaumont. A partir de 1855, il utilisa en plein air certaines plantes de serre à feuillage, à port pittoresque ou à fleurs.

BARRAL (J. A.). — Rédacteur en chef de la *Revue horticole*. Né à Metz en 1819, mort à Fontenay-sous-Bois en 1884. Fut membre de l'Académie d'Agriculture, dont il devint pendant une quinzaine d'années le secrétaire perpétuel.

BERNARD (Noël). — Professeur à la Faculté des Sciences de Poitiers, agrégé des Sciences naturelles, décédé prématurément à l'âge de 36 ans, en 1911. S'est spécialement consacré à l'étude de questions botaniques et biologiques intéressant l'Horticulture. On lui doit notamment des recherches expérimentales sur la germination des graines d'Orchidées à l'aide de leurs champignons endophytes.

BLEU (Alfred). — Ancien pharmacien, amateur décédé à Paris en 1901 à l'âge de 66 ans. Fut secrétaire général de la Société nationale d'Horticulture. S'est distingué par ses hybridations de Caladium du Brésil, d'Orchidées et de *Senorila*.

BORIE (Victor). — Rédacteur en chef de la *Revue horticole*. Né à Tulle en 1818, mort à Paris en 1880. S'est occupé d'Économie rurale et de questions financières. Fut rédacteur en chef du *Journal d'Agriculture pratique*, fonda en 1864 la *Gazette du Village*. Membre de l'Académie d'Agriculture.

BOSC (Guillaume). — Professeur de Culture au Muséum. Né en 1759, mort en 1828. S'est occupé surtout de pépinières et d'acclimatation d'arbres.

BOUCHER (Georges). — Horticulteur-pépiniériste habile, décédé à Paris en 1907, à l'âge de 52 ans. Homme de progrès, il a vulgarisé beaucoup d'arbustes nouveaux et de nouveautés fruitières.

BRUANT (Georges). — Né en 1842, mort en 1912. Éminent horticulteur; a dirigé pendant un demi-siècle un important établissement à Poitiers. On lui doit de nombreuses nouveautés dans les Lantanas, les Héliotropes, les Pélargoniums zonés, les Pétunias, Chrysanthèmes.

BULL (William). — Fut horticulteur à Chelsea (Angleterre). A beaucoup contribué à la propagation de nombreuses plantes de serre.

CALVAT (Ernest). — Industriel (gantier) et amateur d'Horticulture. Grand chrysanthémiste, président de la Société horticole dauphinoise, décédé à Grenoble en 1910. Ses nombreuses et brillantes obtentions de variétés à grandes fleurs avaient consacré sa réputation de semeur.

CARRIÈRE (Élie-Abel). — Rédacteur en chef de la *Revue horticole*. Né à May-en-Multien (Seine-et-Marne) en 1818, mort à Montreuil (Seine) en 1896. Chef du Service des pépinières au Muséum. A publié divers ouvrages, dont le *Traité général des Conifères*.

CELS (Jean-François). — Horticulteur à Paris, né en 1810, mort en 1888. Petit-fils de Martin Cels, membre de l'Institut et fondateur d'un célèbre établissement d'Horticulture. Il était associé avec son frère Auguste, mais ils se séparèrent en 1850 et François resta seul. C'était un grand cultivateur de Cactées. Les frères Cels attirèrent l'attention sur la culture des Orchidées épiphytes.

CHANTIN (Antoine). — Horticulteur à Paris, décédé en 1893 à l'âge de 78 ans. A attaché son nom à l'introduction en Europe des beaux *Caladium* multicolores; les premiers lui furent envoyés du Para (Brésil) par Baraquin. — Le portrait que nous publions est celui de son fils, Auguste Chantin, botaniste cultivateur décédé en 1911; il ressemblait à son père et avait vécu au milieu des collections de Palmiers, de Cycadées et autres plantes de serre à feuillage ornemental dans l'établissement horticole paternel qui eut, durant longtemps, une célébrité mondiale.

CHARGUERAUD (Adolphe). — Professeur d'Arboriculture de la Ville de Paris, décédé en 1898, à l'âge de 49 ans. A créé l'Arboretum de l'Ecole municipale et départementale d'Horticulture de Saint-Mandé (Seine).

CHARMEUX (Rose). — Célèbre arboriculteur, né à Thomery en 1819, mort en 1899. Se livra dès 1843, mais surtout à partir de 1852 à la culture forcée de la Vigne sous verre. On lui doit la méthode de conservation des Raisins à rafle fraîche.

CHAUVIÈRE (Pierre). — Né en 1799, décédé à Pantin en 1888. Horticulteur à Paris. A introduit de Belgique et d'Angleterre beaucoup de plantes nouvelles, des Orchidées, des arbustes d'Australie. A obtenu de nombreuses nouveautés de Fuchsias, Lantanas, Verveines, Héliotropes, Pélargoniums, etc.

CORDONNIER (Anatole). — Industriel (fabricant de draps). Célèbre horticulteur, décédé à Bailleul (Nord) en 1920, à l'âge de 77 ans. Il avait créé, dans cette localité, les « Grapperies de Bailleul », vaste établissement où il se livrait à l'industrie des fruits forcés. Cet établissement fut détruit pendant la guerre. M. Cordonnier fut aussi, vers 1887, l'initiateur de la culture du Chrysanthème à la grande fleur.

CORNU (Maxime). — Professeur de Culture au Muséum d'Histoire naturelle, décédé à Paris en 1901. S'est consacré principalement à l'étude des plantes coloniales, à celle des maladies des plantes (Meunier des Laitues, Phylloxéra, etc.).

CROUX (Gustave). — Grand pépiniériste, décédé en 1921, au Val d'Aulnay (Seine), à l'âge de 73 ans. A obtenu de nombreuses variétés d'arbres et d'arbustes d'ornement; il a vulgarisé des espèces et variétés ornementales et fruitières.

DECAISNE (Joseph). — Rédacteur en chef de la *Revue horticole*. Né à Bruxelles en 1807, mort à Paris en 1882. Membre de l'Institut. A publié le *Jardin fruitier du Muséum* et, en collaboration avec Naudin, le *Manuel de l'Amateur de jardins*.

DU BREUIL (Alphonse). — Rédacteur en chef de la *Revue horticole*. Né à Rouen en 1811, mort en 1890 à Avranches. Professa un cours d'Arboriculture fruitière au Conservatoire des Arts et

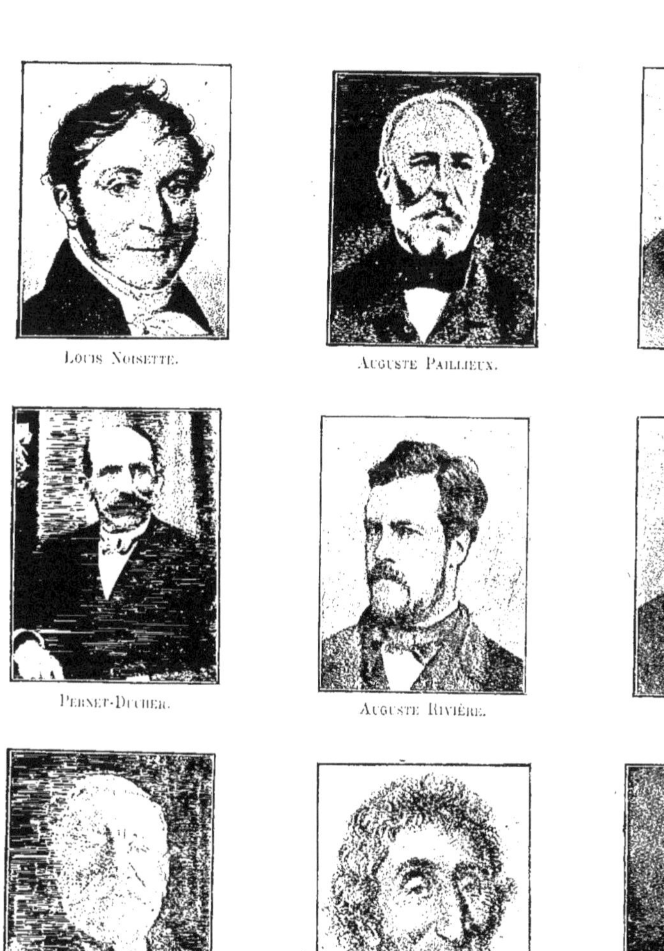

Louis Noisette.

Auguste Paillieux.

André Pelé.

Pernet-Ducher.

Auguste Rivière.

Félix Sahut.

Professeur Sargent.

André Thouin.

Charles Truffaut.

Charles Truffaut fils.

Albert Truffaut père.

Jules Vacherot.

Métiers; un cours sur la même matière à l'École municipale d'Horticulture de Saint-Mandé; fut chargé par le gouvernement de faire des conférences d'Arboriculture dans les départements. A publié de nombreux ouvrages : *Cours d'Arboriculture*, *Culture des arbres et arbrisseaux d'ornement*, etc.

Duchartre (Pierre). — Botaniste, membre de l'Institut, décédé en 1894 à l'âge de 83 ans, fut pendant une trentaine d'années le secrétaire-rédacteur de la Société nationale d'Horticulture de France et l'âme de la rédaction du journal de cette Société. A découvert l'efficacité de la fleur de soufre pour combattre l'oïdium.

Duval (Léon). — Grand horticulteur, décédé à Versailles en 1907, à l'âge de 63 ans. Spécialisé dans la culture des plantes de serre et notamment dans celle des Orchidées et des Broméliacées. A obtenu de nombreux hybrides et publié des ouvrages sur ces plantes.

Geoffroy-Saint-Hilaire (Isidore). — Né en 1805, mort en 1861. Membre de l'Institut, professeur au Muséum d'Histoire naturelle. Président-fondateur de la Société nationale d'Acclimatation de France, qui a introduit, sous sa présidence, plusieurs légumes nouveaux.

Gravereaux (Jules). — Ancien administrateur du « Bon Marché », décédé en 1916 à l'âge de 71 ans. Grand amateur de Roses. Il créa en 1899, au château de l'Haÿ (Seine), dont il s'était rendu acquéreur, une magnifique roseraie.

Hardy (Alexandre). — Né en 1787, mort en 1876. Jardinier en chef du Luxembourg. Professeur d'Arboriculture fruitière. Collectionneur de Vignes; semeur de Rosiers. Auteur du *Traité de la taille des Arbres fruitiers*.

Hardy (Auguste). — Né en 1824, mort en 1891. Ancien élève de Grignon. Membre de l'Académie d'Agriculture. Directeur fondateur de l'École nationale d'Horticulture de Versailles (1873-1891) où il professa les cours d'Arboriculture fruitière et de Culture potagère. A collaboré au *Traité de la taille des Arbres fruitiers*, de son père.

Henri (Le Frère). — Célèbre arboriculteur décédé en 1912 à l'âge de 82 ans. Fut chef des cultures à l'Institution Saint-Vincent de Paul, à Rennes. Professeur émérite. A laissé deux bons ouvrages : un *Traité d'Arboriculture* et un *Traité de Culture potagère*.

Héricart de Thury (Vicomte). — Ingénieur, membre libre de l'Académie des Sciences, né en 1776, mort en 1854. Amateur d'Horticulture. Président-fondateur de la Société nationale d'Horticulture de France (1827 à 1852).

Heuzé (Gustave). — Inspecteur général de l'Agriculture, mort en 1907, à l'âge de 91 ans. Membre de l'Académie d'Agriculture. A publié beaucoup d'articles dans la *Revue horticole*. Auteur de nombreux ouvrages agricoles et horticoles : *Les plantes légumières cultivées en plein champ*, etc.

Houtte (Louis Van). — Célèbre horticulteur belge né à Ypres en 1810, décédé à Gand en 1876. Il explora l'Amérique; son vaste établissement propagea de nombreuses plantes. Il a publié la *Flore des serres et jardins de l'Europe*, en 23 volumes, véritable musée végétal comprenant plus de 2.000 planches coloriées.

Jamin (Jean-Laurent). — Célèbre pépiniériste, décédé à Bourg-la-Reine (Seine) en 1876 à l'âge de 83 ans. Proposa le cordon horizontal simple. Fut le premier lauréat de la Société pomologique de France.

Jamin (Ferdinand). — Célèbre pépiniériste à Bourg-la-Reine (Seine) où il est décédé en 1916 à l'âge de 89 ans. Fut membre de l'Académie d'Agriculture et l'un des maîtres de la Pomologie. A publié un petit ouvrage : *Les fruits à cultiver*. Était fils du précédent.

Joigneaux (Pierre). — Député de la Côte-d'Or, né en 1815, mort en 1892. Savant agronome français, promoteur de l'École nationale d'Horticulture de Versailles. Auteur de nombreux ouvrages agricoles et horticoles : *Le Livre de la Ferme*, etc.

Lambertye (Comte Léonce de) Amateur, décédé en 1877 à Chalbrait (Marne) à l'âge de 67 ans. A, l'un des premiers, préconisé l'emploi des plantes de serre à feuillage pour la décoration des jardins en été. S'est livré aux cultures forcées de rapport. A publié plusieurs ouvrages : *Le Fraisier, le Melon, la culture forcée par le thermosiphon*, etc.

Lavallée (Alphonse). — Amateur, célèbre dendrologue, décédé en 1884 à Segrez (S.-et-O.) à l'âge de 51 ans. Créa l'*Arboretum Segrezianum*, aujourd'hui disparu, où il réunit 4.500 espèces. Membre de l'Académie d'Agriculture et Président de la Société nationale d'Horticulture de France.

Le Lieur de Ville-sur-Arce (Comte). — Grand amateur, condisciple de Bonaparte, à l'Ecole de Brienne; fut intendant général des parcs, pépinières de la Couronne. Décédé à Versailles en 1849 à l'âge de 84 ans. A publié la *Pomone française*, *La Culture du Rosier*, etc.

Lemoine (Victor). — Célèbre horticulteur à Nancy, où il est décédé en 1911, à l'âge de 88 ans. L'un des plus grands semeurs français. On lui doit de nombreuses races et va-

J.-B. Van Mons.

Sir Harry J. Veitch.

Ph. Victor Verdier.

Bernard Verlot.

Louis Verrier.

Ambroise Verschaffelt.

Dr Albert Viger.

Louis de Vilmorin.

Mme Elisa Vilmorin.

Henry de Vilmorin.

Maurice de Vilmorin.

Philippe de Vilmorin.

riétés dans les genres Glaïeul, Bégonia, Lilas, Clématite, Pélargonium, Deutzia, Seringat, Fuchsia, Pivoine, Bouvardia, Hortensia, Diervilla, etc.

LINDEN (Jean-Jules). — Né à Luxembourg, décédé en 1898, à Bruxelles, où il était horticulteur, à l'âge de 80 ans. A exploré l'Amérique du Nord et l'Amérique du Sud. Par ses collecteurs a introduit de nombreuses plantes, des Orchidées principalement.

LEPÈRE (Alexis). — Arboriculteur émérite, grand cultivateur de Pêchers à Montreuil (Seine). Professeur d'Arboriculture fruitière. Décédé en 1896 à l'âge de 71 ans.

LEROY (André). — Grand pépiniériste et célèbre pomologue né à Angers en 1801, décédé dans cette ville en 1875. En 1865, il publia son Catalogue qui fut traduit en cinq langues et commença, en 1867, la publication de son monumental *Dictionnaire de Pomologie* (6 volumes) qu'il ne put achever.

LHÉRAULT (Louis). — Grand cultivateur d'Asperges, à Argenteuil (Seine) où il est mort en 1894. On lui doit l'*Asperge hâtive d'Argenteuil*, à tête rose.

LOISELEUR-DESLONGCHAMPS (Jean-Louis Auguste). — Botaniste, membre de l'Institut, né en 1775, mort en 1849. Collaborateur de la *Revue horticole*. Auteur du *Nouveau Duhamel* ou *Traité des arbres et arbustes que l'on cultive en France en pleine terre*, et de l'*Herbier de l'Amateur*.

LUIZET (Gabriel). — Né en 1794, mort à Ecully (Rhône) en 1872. Arboriculteur émérite. A obtenu plusieurs fruits de valeur: on lui doit la greffe des boutons à fruits qu'il a ensuite vulgarisée. Est l'auteur d'une *Classification du genre Pêcher*.

MARON (Charles). — Orchidophile décédé à Brunoy (S.-et-O.) en 1926 à l'âge de 74 ans. L'un des semeurs français les plus habiles. On lui doit de remarquables hybrides de *Vanda, Lælio-Cattleya, Brasso-Cattleya*, etc.

MAS (Alphonse). — Célèbre pomologue, né en 1817, mort en 1875. Président de la Société pomologique de France et de la Société d'Horticulture de l'Ain. Auteur du *Verger* et du *Vignoble*.

MENDEL (Gregor). — Né en Silésie en 1822; fut moine en Autriche au couvent de Brünn où il mourut en 1884. Il découvrit en 1866, la loi de la transmission des caractères chez les hybrides dite « loi de Mendel », connue seulement en 1900. Ce fut une révélation et le point de départ de nouvelles recherches de génétique.

NANOT (Jules). — Ingénieur agronome. Décédé à l'âge de 69 ans. Fut directeur de l'École nationale d'Horticulture de Versailles de 1892 à 1924. A laissé de nombreux ouvrages : *Plantations d'alignement et élagage des arbres, Culture du Pommier à cidre*, etc.

NARDY (Sébastien). — Horticulteur paysagiste à Hyères où il est mort en 1909, à l'âge de 79 ans. A la suite d'un voyage en Amérique, il introduisit vers 1876 la Pêche *Amsden* dans les cultures.

NAUDIN (Charles). — Aide-naturaliste au Muséum, membre de l'Institut, directeur de la Villa Thuret à Antibes, décédé en 1899 à l'âge de 84 ans. L'un des principaux collaborateurs de la *Revue horticole*. Étudia, le premier, l'hybridation chez les plantes. A publié en collaboration avec Decaisne le *Manuel de l'Amateur de jardins* et le *Manuel de l'Acclimateur*.

NEUMANN (Joseph). — Rédacteur en chef de la *Revue horticole*, né en 1800, mort en 1858. Chef des serres au Muséum de Paris à partir de 1824. A écrit l'*Art de construire et gouverner les serres* et *Notions sur l'art de faire des boutures*.

NOISETTE (LOUIS). — Né en 1772, mort à Paris en 1849. Célèbre horticulteur ; édifia l'un des premiers jardins d'hiver. A introduit la Pivoine en arbre, le Rosier Noisette, le Fraisier d'Amérique, amélioré le Dahlia. A laissé le *Manuel complet du jardinier* (4 vol.), le *Jardin fruitier*, etc.

PAILLIEUX (Nicolas Auguste). — Industriel (tulles et broderies), devenu amateur d'Horticulture. Décédé en 1898 à l'âge de 85 ans. A expérimenté en collaboration avec M. D. Bois, dans son jardin de Crosne (en Seine-et-Oise), de nombreuses espèces légumières exotiques, dont l'une, le *Crosne du Japon*, s'est popularisée. Auteur (avec M. Bois), du *Potager d'un curieux*.

PELÉ (André-Philippe). — Horticulteur à Paris. Né en 1800, mort en 1888. Semeur chrysanthémiste, grand spécialiste des plantes vivaces; a obtenu des nouveaux Iris.

PÉPIN (Pierre-Denis). — Rédacteur en chef de la *Revue horticole*. Né en 1802, mort à Paris en 1876. Jardinier en chef du Muséum pendant quarante ans. Membre de l'Académie d'Agriculture. Fut pendant trente ans administrateur du domaine d'Harcourt, propriété de l'Académie d'Agriculture, où il créa, vers 1852, l'Arboretum qui y existe.

PERNET-DUCHER (Joseph). — Célèbre rosiériste à Vénissieux près de Lyon, où il est décédé en 1928 à l'âge de 69 ans. A obtenu beaucoup de belles variétés de Roses hybrides de thé et surtout la race des Pernetiana, aux tons chauds, qui a popularisé son nom dans le monde entier.

POITEAU (Antoine). — Rédacteur en chef de la *Revue horticole*. Fils d'un batteur en grange. Né à Ambleng (Aisne) en 1766, décédé à Paris en 1854 Voyagea à Haïti et à la Guyane. Fut successivement chef des pépinières royales à Versailles, jardinier en chef du château de Fontainebleau. Rédacteur du *Bon jardinier* (1824 à 1844). A publié la *Pamologie française* (6 volumes), *Cours d'horticulture; Histoire naturelle des Orangers* (en collaboration avec Risso), etc. Fut pendant trente ans rédacteur des *Annales de la Société centrale d'Horticulture*, et membre de l'Académie d'Agriculture.

RIVIÈRE (Auguste). — Jardinier en chef du Luxembourg, décédé à Paris en 1877 à l'âge de 56 ans. Il est l'obtenteur du premier hybride artificiel d'Orchidées. A laissé un monumental *Traité d'Arboriculture fruitière*, publié en 1928, par son fils M. Gustave Rivière.

SAHUT (Félix). — Horticulteur, né à Montpellier en 1835, décédé dans cette ville en 1904. Il a joué un rôle important dans l'Horticulture méridionale. Ses études sur la dendrologie furent aidées puissamment par l'Arboretum de Lattes, près Montpellier, fondé par son père. C'est lui qui découvrit le premier, en France, le phylloxéra, avec Planchon et Gaston Bazille, en 1868.

SARGENT (Professeur Charles Sprague). — Né à Boston (États-Unis). Décédé en 1927, à l'âge de 83 ans. Fondateur et directeur de l'*Arnold Arboretum*. A effectué de nombreux voyages en Chine et au Japon; il propagea de nombreux végétaux ligneux nouveaux des régions tempérées du globe.

THOUIN (André). — Professeur de culture au Muséum, décédé à Paris en 1824 à l'âge de 79 ans. Membre de l'Institut. A beaucoup contribué à ramener en France le goût des fleurs. Auteur de la *Monographie des greffes*.

TRUFFAUT (Charles). — Né en 1795, mort en 1865. Fondateur du premier établissement d'Horticulture Truffaut, à Versailles. Il s'adonna particulièrement à la culture des primeurs et fut un des premiers à posséder une serre entière d'Ananas.

TRUFFAUT (Charles fils). — Fils du précédent, né en 1818, mort en 1895. Grand amateur de plantes, il se livra à la culture des plantes bulbeuses : Lis, Tigridias, Glaïeuls, Cyclamens, Amaryllis. Vers 1850, il cultiva les Azalées et les Rhododendrons; vers 1860 il entreprit la culture des plantes de serre à feuillage ornemental. Il a grandement amélioré la Reine-Marguerite.

TRUFFAUT (Albert). — Grand horticulteur, fils du précédent. Premier vice-président de la Société nationale d'Horticulture, décédé à Versailles en 1924 à l'âge de 80 ans. Grand cultivateur de plantes de serre : Crotons, Broméliacées, *Dracæna*, Aroïdées, etc. Il développa la culture des Azalées et propagea celle du Bégonia *Gloire de Lorraine*.

VACHEROT (Jules). — Architecte paysagiste de grand talent décédé à Paris en 1925 à l'âge de 63 ans. Il remania les jardins royaux de Laeken (Belgique), créa en France et à l'étranger de nombreux jardins. A publié l'ouvrage *Parcs et jardins modernes*.

VAN MONS (Jean-Baptiste). — Né à Bruxelles en 1765, mort à Louvain en 1842. Membre de l'Institut de France. Chimiste et célèbre pomologue belge à qui l'on doit de nombreuses variétés de Poires. A écrit *Les Arbres fruitiers, leur culture en Belgique et leur propagation par la graine*, ou *Pomologie belge*.

VEITCH (Sir Harry J.). — Le plus célèbre des représentants de la famille d'horticulteurs de Chelsea, à Londres. Plusieurs de ses membres : John Gould Veitch (1860-1870); P. C. M. Veitch (1875-1878); James H. Veitch (1891-1893) ont exploré le Japon, l'Australie, la Nouvelle-Zélande, l'Inde, etc. Parmi les 22 voyageurs explorateurs qui ont parcouru le monde pour le compte de cette grande firme, citons William et Thomas Lobb, Richard Pearce, Charles Curtis, E. H. Wilson. Des hybrideurs habiles ont obtenu quantité de plantes remarquables dans l'établissement. La liste et la description des plantes introduites et mises au commerce par cette maison, aujourd'hui disparue, se trouve dans l'*Hortus Veitchii* publié en 1906 par James H. Veitch.

VERDIER (Philippe-Victor). — Horticulteur à Ivry (Seine); décédé en 1878, à l'âge de 75 ans. Fut vice-président de la Société nationale d'Horticulture. Grand semeur de Rosiers, de Pivoines, d'Iris et de Glaïeuls.

VERLOT (Bernard). — Né en 1847, décédé à Verrières (Seine-et-Oise) en 1897. Professeur de Floriculture à l'École nationale d'Horticulture de Versailles; chef des cultures expérimentales de la Maison Vilmorin-Andrieux et Cie. A publié : *Les Plantes alpines, Guide du botaniste herborisant*.

VERRIER (Louis). Né en 1812, mort en 1867. Célèbre arboriculteur, jardinier-chef à l'École régionale d'agriculture de la Saulsaie (Ain), professeur d'arboriculture fruitière et de culture potagère, membre fondateur de la Société pomologique de France. A imaginé la palmette qui porte son nom.

VERSCHAFFELT (Ambroise). — Célèbre horticulteur belge décédé à Gand en 1886 à l'âge de 61 ans. Il a introduit un grand nombre de plantes dont le *Coleus Verschaffeltii* et céda, en 1869, son établissement à l'horticulteur luxembourgeois Jean Linden. En 1854, il fonda l'*Illustration horticole* qui eut successivement deux Français comme rédacteurs en chef : Lemaire jusqu'en 1870 et Édouard André de 1870 à 1880.

VIGER (Albert). — Docteur en médecine. Fut plusieurs fois ministre de l'Agriculture. Présida la Société nationale d'Horticulture de France pendant 29 ans (1896-1926). Décédé à Jargeau (Loiret), en 1926, à l'âge de 82 ans. Membre de l'Académie d'Agriculture.

VILMORIN (André Lévêque de). — Rédacteur en chef de la *Revue horticole*. Né en 1776; décédé en 1862. A particulièrement étudié les plantes fourragères, les Graminées notamment. Organisa en 1815 la Station expérimentale de Verrières-le-Buisson (Seine-et-Oise) et créa à partir de 1821, dans son domaine des Barres, un Arboretum qui appartient aujourd'hui à l'État.

VILMORIN (Louis-Lévêque de). — Savant agronome, fils d'André, né en 1816, mort en 1860. Membre de l'Académie d'Agriculture. S'est immortalisé par ses travaux sur l'amélioration de la Betterave à sucre; a adopté la sélection physique basée sur la densité et imaginé la sélection généalogique.

VILMORIN (Mme Élisa). — Mme Louis Lévêque de Vilmorin, née Bailly, fut associée de la Maison Vilmorin de 1860 à 1866. Femme d'une haute culture et fort intelligente. A publié un remarquable travail sur *Les Fraisiers*.

VILMORIN (Henry Lévêque de). — Fils aîné de Louis, né en 1843, mort en 1899. Savant agronome français. Premier vice-président de la Société nationale d'Horticulture, membre de l'Académie d'Agriculture. A inauguré la méthode de la fécondation croisée pour l'obtention des nouvelles variétés de blé. A publié *Les Fleurs de pleine terre, Les Plantes potagères*, etc.

VILMORIN (Maurice de). — Fils de Louis. Décédé aux Barres (Loiret) en 1918, à l'âge de 69 ans. Célèbre dendrologue; voyagea dans presque toute l'Europe continentale; créa le *Fruticetum des Barres* (Loiret) et, grâce à ses relations avec les missionnaires et les explorateurs, introduisit beaucoup d'espèces d'arbustes de la Chine. Fut membre de l'Académie d'Agriculture.

VILMORIN (Philippe L. de). — Fils de Henry, décédé prématurément en 1916 à l'âge de 45 ans. Membre de l'Académie d'Agriculture. Continua les travaux d'hybridation des Blés et de sélection des Betteraves à Verrières; se livra en outre à des recherches importantes de génétique. Organisa en 1911 la Conférence internationale de génétique de Paris.

Nous avions le plus vif désir de publier dans ce numéro du Centenaire, *tous les portraits* des rédacteurs en chef de la *Revue horticole*. Deux, Victor Borie et Pépin, n'y figurent pas. Les nombreuses recherches entreprises dans diverses directions pour obtenir leurs photographies sont restées infructueuses. Si ces portraits manquent, et nous le regrettons vivement nous avons du moins, la satisfaction d'avoir fait tout notre possible pour nous les procurer.

L'HORTICULTURE ET SES TENDANCES en 1929

L'HORTICULTURE DANS L'ÉCONOMIE GÉNÉRALE DU PAYS

par Alfred **NOMBLOT**

Ingénieur horticole, Député de la Seine,
Professeur honoraire de l'École nationale d'Horticulture de Versailles,
Membre de l'Académie d'Agriculture,
Secrétaire général de la Société nationale d'Horticulture de France,
Président de l'Office agricole et de la Chambre d'Agriculture de la Seine.

Alfred Nomblot.

L'Horticulture, qui a toujours été associée à la vie du Pays, a pris, depuis un quart de siècle, une place de plus en plus grande dans son développement social et économique, soit par son action directe, soit par son influence sur l'Agriculture, en lui fournissant des procédés nouveaux ou des méthodes particulières; soit en apportant à l'œuvre du Tourisme ses ressources infinies dans l'ornementation arbustive et florale de nos stations ou dans l'approvisionnement de nos marchés en fruits et légumes.

L'Horticulture représente le sixième à peu près de la production totale de l'Agriculture et occupe une importante main-d'œuvre qui, pour ses meilleurs éléments, s'affranchit facilement du salariat pour accéder à la petite exploitation et à la propriété.

Les jardins ouvriers, nés de l'œuvre du Coin de Terre et du Foyer, constituent pour l'Horticulture une des formes du progrès social des plus intéressantes, puisqu'ils apportent avec le bien-être au foyer, la santé, la concorde, l'esprit de travail et d'épargne, le sentiment de l'indépendance et de la dignité.

L'Horticulture, comme l'Agriculture, est essentiellement créatrice de richesses; elle est la source d'un mouvement de transactions intérieures considérables et concourt pour un chiffre important dans nos exportations.

Pourtant la guerre a profondément atteint cette branche de l'activité nationale, aussi bien à l'arrière, par suite de la mobilisation, que dans la zone des armées, à cause de la destruction, et l'après-guerre a été particulièrement pénible en raison des pertes de main-d'œuvre consécutives à la guerre et du prélèvement opéré sur la profession par les besoins de la loi de huit heures ou la création de nouveaux services.

Aussi, on peut dire que la main-d'œuvre, déjà rare avant la guerre, est aujourd'hui à l'état de crise inquiétante pour l'avenir.

Il en résulte un changement dans la conception des méthodes appliquées; c'est ainsi que les grandes propriétés disparaissent peu à peu et que les petits jardins leur succèdent; l'outillage se développe et on tend chaque jour davantage vers la rationalisation.

De grands efforts sont faits pour créer un mouvement réel vers le retour à la terre, en prenant pour base les avantages analogues à la main-d'œuvre urbaine; c'est là, croyons-nous, insuffisant et, de même que les méthodes industrielles essayées en agriculture ont sombré, de même la similitude des situations au champ et à la ville n'a rien de comparable; le but est dans l'accession à la propriété, dans l'exploitation familiale.

Aussi, en disant que, de plus en plus, l'Horticulture est associée, sous les formes les plus variées, aux aspirations vers le mieux être de nos populations, il faut ajouter que tous les sacrifices doivent être consentis pour lui donner les moyens d'atteindre pleinement son but, dans l'intérêt même du Pays.

Action des pouvoirs publics; encouragements, subventions, cours, conférences, protection sanitaire, etc.

Organisation professionnelle; sociétés et syndicats et leurs fédérations.

Offices agricoles et Chambres d'agriculture.

La Coopération et la Mutualité agricoles.

Le Crédit agricole étendu et les impôts agricoles adaptés.

L'application, par adaptation à l'agriculture, de toutes les lois sociales.

Aider, encourager les Expositions, les Congrès, les publications, la presse spéciale.

Encourager la recherche des variétés nouvelles par la protection de la propriété en matière de nouveautés.

Enfin, faciliter le transport, la répartition et l'exportation des produits, ainsi que le maintien des cours rémunérateurs, etc.

Telles sont les tendances actuelles qu'il faut traduire dans les faits par la collaboration constante des pouvoirs publics et des intéressés.

Ensuite, construire sur une base satisfaisante tout l'édifice de l'avenir, par le recrutement et l'apprentissage, les écoles à divers degrés et l'organisation pratique dans chaque département ou groupe de départements.

Le tout, dans le cadre de l'agriculture et non de l'industrie, plus par l'exploitation familiale que par le salariat.

L'économie d'un pays ne se traite pas par le sentiment, encore moins par la démagogie, mais bien par la froide et saine raison, éclairée par la lumière de l'expérience.

LA CULTURE MARAICHÈRE

par L.-E.-MARIE MOULINOT
Vice-Président de la Confédération générale agricole,
Vice-Président d'Honneur de l'Association des Maraîchers de Genève,
Membre de la Chambre d'Agriculture et de l'Office agricole départemental de la Seine,
Maraîcher-Primeuriste.

Photo Henri Manuel.
L.-E.-Marie Moulinot.

Favorisée par la douceur de son climat, la variabilité de son sol, les facilités modernes de transport, la proximité des grands centres de consommation, tels que l'Angleterre, la Belgique, l'Allemagne et d'autres encore, la France offre aux productions de légumes les milieux les plus propices à leur développement.

Ces cultures inégalement réparties sur les différents points de notre territoire, suivant les diverses conditions de sol, de climat, de captation des eaux et de situation économique, forment deux branches bien distinctes : *les cultures maraîchères* et *les cultures légumières*.

L'une et l'autre ont pris maintenant une extension considérable en raison de la capacité d'absorption sans cesse grandissante des villes, notamment du marché de Paris, et aussi des demandes des marchés étrangers. Les progrès réalisés dans le machinisme horticole par l'emploi de la force motrice ont grandement favorisé cette extension.

C'est ainsi que les cultures légumières se sont considérablement étendues depuis un quart de siècle, et, de par leur mise en œuvre et leurs façons culturales, semblent bien chaque jour entrer de plus en plus dans le domaine agricole proprement dit.

Quant à la *culture maraîchère,* localisée, au début du siècle dernier, près des villes, elle y est devenue une véritable industrie, et y a progressé depuis une cinquantaine d'années dans d'importantes proportions. Elle s'est même quelque peu répandue dans des régions éloignées des grands centres de consommation.

Néanmoins, la culture maraîchère proprement dite, celle pratiquée de façon intensive sur un sol quasi artificiel, au moyen de la matière première qu'est le fumier de cheval, à l'aide d'un matériel de verre (châssis et cloches), agencée pour l'arrosage en été et la protection des produits en hiver, cette culture, dis-je, reste quand même l'apanage d'habiles spécialistes.

Ce sont les maraîchers-primeuristes dont les exploitations sont généralement de la superficie d'un hectare environ. Comme principaux centres et principales productions, il faut retenir : la région parisienne, qui fera plus loin l'objet d'une mention spéciale. La région nantaise, avec un matériel considérable de châssis vitrés, Salades de toutes sortes, Radis, Carottes, Navets, Oignons, Choux-fleurs, Melons, Tomates, etc. ; la production y est énorme et renommée, elle trouve son écoulement sur les marchés locaux, mais aussi sur ceux de Paris et de l'Angleterre. La région chalonnaise où les cultures maraîchères ont pris depuis quelques années un développement considérable, rien que dans la commune de Saint-Marcel-lès-Chalon, par exemple, les exploitations maraîchères sont passées en vingt ans de 20 à 250 et les expéditions faites par la Coopérative de vente dépassent à la saison 1.000 tonnes par mois; elles se font sur Paris, en produits tels que Choux-fleurs, Haricots, Salades, Artichauts, Épinards, etc., et aussi sur la Suisse ainsi que sur les principales villes de la contrée. La région lilloise, avec 500 exploitations de un à deux hectares, et près de 100.000 châssis vitrés; la production : Laitues, Chicorées frisées, Scaroles, Radis, Carottes, Navets, Melons, Poireaux, Choux-fleurs, Choux, Épinards, Céleris, etc., trouve un débouché facile dans les centres ouvriers, les grandes villes du Nord et aussi la Belgique et l'Angleterre.

A signaler aussi en raison de l'importance de leur production intensive, mais n'intéressant presque exclusivement que leur région respective, les cultures maraîchères d'Amiens, de Perpignan, de Rouen, d'Orléans, de Bourges, de Dun-sur-Auron, de Dijon, de Nancy, de Lyon, etc... D'ailleurs, de nos jours, il n'est pas de préfecture, de sous-préfecture, il est peu de chefs-lieux de canton, qui ne comptent dans leur voisinage, quelques maraîchers aux installations spéciales et modernes.

Partout, depuis un demi-siècle, mais surtout ces dernières années, d'immenses progrès ont été réalisés, de magnifiques résultats ont été obtenus; et cela tant au point de vue des améliorations techniques culturales que de celles de la production. Le matériel cloches et surtout châssis a augmenté dans des proportions extraordinaires. La force motrice a définitivement remplacé le manège à cheval pour le puisement et l'élévation de l'eau d'arrosage. L'appareil automatique a remplacé l'arrosage à la lance qui avait elle-même détrôné l'arrosoir. Le rail et le wagonnet ont maintenant fait reléguer la hotte et la brouette au rang de l'outillage de fortune. La traction mécanique remplace presque partout celle hippomobile pour le transport des produits et des fumiers. Le petit motoculteur, depuis quelques années, supplée heureusement et économiquement la bêche défaillante. Et combien d'autres choses qu'il serait trop long et fastidieux d'énumérer ici, sont venues améliorer et grandement faciliter l'exercice d'une profession qui malgré tout reste pénible pour celui qui entend la mener à bien.

Il n'est pas jusqu'à la demeure et à la tenue vestimentaire du maraîcher qui ne se soient, ces derniers temps, beaucoup améliorées et même modernisées; lui et les siens sont maintenant logés et vêtus comme tout le monde. Dans chaque contrée de quelque importance, le maraîcher possède son syndicat professionnel pour la défense des intérêts corporatifs, et la recherche, l'étude et l'application des améliorations techniques et nouvelles méthodes culturales; ses mutuelles contre les risques de toute nature; ses caisses de crédit pour ses opérations financières; dans plusieurs centres importants de production, ses coopératives de vente, etc..

Quant au rendement total de la production maraîchère en France, il est, on en conviendra, peu facile à évaluer; on peut néanmoins s'en faire une idée par l'importance de la principale région, celle des environs de Paris, berceau de la culture maraîchère.

Voici comment, en 1929, se répartissent pour la seule région parisienne, les principaux centres avec le nombre des exploitations : Bobigny, 140; Drancy, 10; Noisy-le-Sec, 2; Aubervilliers, 35; La Courneuve, 17; Dugny, 3; Stains, 48; Saint-Denis, 22; Pierrefitte, 6; Villetaneuse, 3; Gennevilliers, 27; Asnières, 10; Saint-Ouen, 2; Montrouge, 15; Malakoff, 18; Chatillon, 15; Issy-les-Moulineaux, 10; Vanves, 3; Bagneux, 35; Arcueil, 11; Gentilly, 10; La Rue-Chevilly, 5; Ivry-sur-Seine, 15; Vitry-sur-Seine, 16; Choisy-le-Roi, 2; Créteil, 85; Maisons-Alfort, 72; Alfortville, 15; Montreuil, 4; Joinville-le-Pont, 4; Le Perreux, 2; Champigny-sur-Marne, 30. On remarquera que Bobigny, Créteil et Stains sont les centres les plus importants de production, ceux où les *marais* sont davantage groupés et les plus nombreux.

C'est donc, actuellement, un total de 692 exploitations et une superficie d'environ 1.200 hectares en culture intensive qui ne s'étend que fort peu au delà des limites du département de la Seine. Le matériel de forçage est considérable, on peut l'évaluer à plus de 1million de châssis et environ 5 millions de cloches.

En hiver et pendant les premiers mois du printemps, plus de 5.000 tonnes de légumes de primeur de toutes sortes, sont expédiées sur les marchés du nord de la France et de l'étranger : Angleterre, Belgique, Allemagne, Danemark, etc. Avant la grande guerre, les marchés de la Prusse orientale, ceux de Vienne, de Budapest, de Pétrograd, de Moscou, etc., recevaient également de Paris des légumes et salades de primeur.

Enfin, l'écoulement journalier sur le marché parisien des légumes fins tels que : Laitues, Romaines, Endives, Céleris-branche, Melons, Concombres, etc., font aux maraîchers-primeuristes de cette région une situation toute spéciale. Si on ajoute à cela toute la gamme d'autres légumes de saison, c'est en réalité une production annuelle qui dépasse 100.000 tonnes.

A noter que la culture de certains légumes a dû être, ici, abandonnée; pour d'autres, elle se réduit chaque année un peu plus. Les Haricots de primeurs et les Asperges forcées, par exemple, ne sont plus faits, les premiers depuis une cinquantaine d'années, les secondes depuis la fin du siècle dernier, en raison de la concurrence qui leur est faite par les productions analogues des contrées méridionales. La culture des Romaines forcées diminue tous les ans, comme d'ailleurs celle des Melons de primeur, à cause de la rareté et des hauts prix des fumiers. La Tomate a définitivement passé dans le domaine de la culture légumière de plein champ. Par contre, les Concombres et les Céleris hâtés sont plus en honneur; la culture des Endives s'est considérablement accrue ces dernières années.

Toutefois, une ombre se profile au tableau; une inquiétude, depuis le commencement du siècle, depuis la guerre surtout, se précise chaque jour davantage chez ceux qu'intéresse l'avenir de la culture maraîchère et celui de l'approvisionnement des grands centres en légumes frais.

En raison de l'augmentation des frais généraux, de la plus-value des terrains, de la valeur locative du sol, de la pénurie de la main-d'œuvre, de la rareté des fumiers, des émanations nocives des villes, le nombre des exploitations maraîchères ne cesse, depuis un quart de siècle, de diminuer aux environs des grands centres de consommation. C'est ainsi que dans la seule région parisienne où on comptait 1.300 établissements avant 1900, il n'y en avait plus que 1.050 en 1910; il n'en reste que 692 aujourd'hui.

La culture des Champignons, elle aussi, en raison des hauts prix des fumiers, d'une augmentation d'environ 120 % du prix de revient, de 150 % des droits d'octroi, de la réduction des importations de l'Amérique, est menacée d'une crise qu'il faut prévoir assez grave. Malgré cela, la culture des Champignons se continue dans les anciennes carrières du bassin de Paris. La Touraine, le Bordelais, le Soissonnais sont aussi des centres de production.

En résumé, malgré des situations difficiles, aidée des procédés modernes de culture, du perfectionnement de l'outillage et du nombre toujours plus grand du matériel employé, la production maraîchère n'a cessé de s'accroître.

Cette situation pourra-t-elle se maintenir longtemps encore? Il est permis d'en douter. On dit bien que les cultures de contrées plus éloignées, favorisées par le climat, aidées par des moyens de transport mieux organisés et toujours plus rapides, sont susceptibles de combler les vides creusés par l'état de choses signalé plus haut. Mais il suffit de connaître les difficultés d'approvisionnement d'un marché comme Paris, la rareté des légumes frais et les prix qu'ils y atteignent dès que surviennent des saisons anormales comme l'été de 1928 et l'hiver de 1929, pour se rendre compte de l'erreur d'un tel jugement et de l'utilité, de la nécessité même, des cultures maraîchères dans les environs immédiats des lieux de consommation. A cet égard, des mesures s'imposent; il en est de corporatives, d'administratives, de législatives. Les prendra-t-on?

Moulinot

L'ARBORICULTURE FRUITIÈRE

Par V. ENFER
Arboriculteur, Professeur d'Arboriculture fruitière.

V. Enfer.

Il y a à peine un demi-siècle, la culture des arbres fruitiers était encore presque tout entière localisée dans les jardins particuliers ; on entreprit alors les premiers essais de plantations commerciales, qui se développèrent ensuite très rapidement. Dans la région parisienne surtout, l'élan était donné.

L'époque bénie où l'on récoltait presque sans soin des *Poires Doyenné d'hiver*, *Beurré d'Hardenpont, St-Germain* et *Crassane* est passée ; ces variétés, et bon nombre d'autres à épiderme délicat, doivent maintenant pour échapper aux maladies et aux insectes qui les guettent, subir divers traitements préventifs ou curatifs (bouillies cupriques, bouillies arsenicales, formol, insecticides variés).

Des centres importants de cultures commerciales existent en Seine-et-Oise, à Groslay, à Saint-Brice, à Deuil, à Chambourcy, etc. ; on y cultive en grand le *Bon Chrétien William*, le *Beurré Hardy,* la *Duchesse d'Angoulême*, le *Beurré Diel*, le *Doyenné du Comice* et la *Passe-Crassane*.

Toutes ces plantations sont ou ont été créées à l'aide de jeunes sujets d'un à deux ans de greffe, dirigés en pyramides plus ou moins évasées ou conduits en palmettes Verrier appliquées sur des contre-espaliers et quelques espaliers.

Ce qui importe dans ces cultures, ce n'est pas, comme au verger, une production quasi illimitée, mais plutôt la production de fruits au-dessus de la moyenne comme grosseur, avec un épiderme fin et aussi net que possible, résultat qu'obtiennent nos arboriculteurs par la mise en sacs en papier des fruits restant après l'éclaircie.

La taille est aussi simplifiée que possible, celle de la charpente consiste à aller vite pendant les premières années qui suivent celle de la mise en place ; aux ramifications latérales on applique presque toujours une dérivation de la taille trigemme atténuée en donnant un peu plus de longueur aux ramifications latérales n'ayant pas tendance à s'emporter.

Un seul pincement fait dans le même ordre d'idées est suffisant ; quelques arboriculteurs même en contestent l'utilité pour certaines variétés.

Les Pommiers sont plutôt considérés comme arbres de verger, cependant on cultive spécialement comme fruits de luxe l'*Api rose*, le *Grand Alexandre*, *Peasgood non such*, *Transparente de Croncels*, *Reinette du Canada* et le *Calville Blanc*. A Montreuil, cette variété est plantée en remplacement de Pêchers, là où ceux-ci ne peuvent plus prospérer ; ces fruits, mis en sacs comme les Poires, acquièrent ainsi une très grande finesse et font prime sur le marché où tentent cependant de les concurrencer de fort beaux *Calville* arrivant d'Italie.

A Montreuil, la culture des Pêchers, estimée à 300 hectares en 1880, est en régression parce que l'extension des habitations arrive bien de-ci, de-là à grignoter en partie quelques-uns de ces admirables enclos.

Et puis, là aussi, il faut compter avec la concurrence des Pêches de plein vent provenant du Lyonnais, du Dauphiné, du Bordelais, du Centre, en un mot de la Loire aux Pyrénées et le Midi dans toute son étendue. Ces fruits excellents ne peuvent cependant rivaliser comme qualité avec la Montreuil ; leur chair est plus ferme, quelquefois adhérente, car ils ont été cueillis avant maturité pour pouvoir voyager.

Dans la région parisienne, la Vigne se

fait de plus en plus rare, il n'en reste guère que dans les jardins particuliers où l'on récolte encore quelques Chasselas; pour les variétés plus tardives, il ne faut plus guère y compter. Cependant, sa culture se maintient encore à Thomery, particulièrement aussi à Conflans et à Maurecourt où l'on récolte toujours des Raisins de choix; ceux-ci sont concurrencés par les arrivages du Midi et plus spécialement du Lot, Lot-et-Garonne, du Tarn-et-Garonne et du Tarn, dont les envois sur Paris augmentent chaque année en nombre et en beauté. Là le soleil et l'abondance. Ici, autour de Paris, l'expérience et la science arboricole mises au service d'un produit de luxe forcément limité.

Autrefois, les transports à grande distance étant impossibles, il fallait produire les fruits sur place, à proximité des centres de consommation. Maintenant, à la faveur du développement des voies ferrées, on les produit au loin, dans des pays plus chauds.

La diffusion des méthodes de culture et la rapidité des transports ont à peu près fait disparaître dans la région parisienne sauf chez quelques riches propriétaires, l'industrie du forçage : cependant, chaque printemps, lors de l'Exposition du mois de mai, nous pouvons admirer les fruits forcés présentés par M. Parent de Rueil et particulièrement d'admirable Pêches.

La culture des Raisins de couleur au point de vue commercial, ne peut plus guère être envisagée qu'à proximité des charbonnages, là où le combustible ne sera pas grevé de frais de transport onéreux.

V. Enfer

LA CULTURE POTAGÈRE

par C. POTRAT

Ingénieur des Services horticoles de la Ville de Paris,
Professeur à l'École départementale et municipale d'Horticulture de Saint-Mandé.

C. POTRAT.

La culture potagère proprement dite, dont nous nous occupons, est principalement celle qui a lieu dans le potager du simple particulier : amateur, paysan, employé ou ouvrier.

Elle a pris, depuis une dizaine d'années, une importance extraordinaire et, à l'heure actuelle, en raison des hauteurs quasi astronomiques du prix des légumes, il est devenu plus nécessaire que jamais pour tous ceux qui disposent d'un bout de terrain, de produire les principaux légumes nécessaires aux besoins du ménage.

Dans les grandes propriétés bourgeoises, si l'on a quelque peu — parfois trop — négligé la partie ornementale, on s'est, par contre, toujours attaché à faire rendre au jardin potager ou potager-fruitier (comme c'est plus souvent le cas) le maximum de récoltes.

La production légumière est, et restera encore longtemps, la grande préoccupation de quiconque cherche un jardinier. Les cultures de primeurs ou cultures forcées des légumes, qui nécessitent l'emploi de la chaleur artificielle, thermosiphon ou fumier, ont beaucoup diminué depuis 1914; peut-être reprendront-elles un nouvel essor lorsque les conditions économiques redeviendront favorables; nous en doutons fort parce que ces cultures sont aujourd'hui très concurrencées par les produits de l'Algérie, de la Tunisie et du Maroc.

L'employé, le petit rentier, l'ouvrier cherchent eux aussi à utiliser rationnellement le terrain dont ils disposent et à s'affranchir du tribut — assez lourd — qu'entraîne l'achat des légumes au marché, chez le fruitier ou au marchand revendeur qui visite les localités.

Les Sociétés d'Horticulture, en faisant appel à des praticiens autorisés, pour la plupart anciens élèves de l'École nationale d'Horticulture de Versailles, contribuent efficacement à répandre les notions élémentaires de culture potagère en organisant des conférences ou des cours pratiques généralement très suivis et fort appréciés.

L'œuvre des jardins ouvriers, née avant la grande guerre, a pris un développement remarquable. On évalue actuellement à plus de 15.000 hectares la superficie totale de ces jardins et il y a peu de temps on estimait déjà à 290 francs le montant moyen de la production légumière d'un are de ces jardins dont la superficie varie le plus souvent entre deux et dix ares, rarement plus.

La paternité de cette œuvre morale d'assistance par le travail, vraiment grandiose comme point de vue utilitaire et comme point de vue social, paraît revenir à Félicie Hervieu, mais son développement et sa parfaite adaptation sont surtout dus à la grande activité, à la bonne et bienfaisante intelligence de l'abbé Lemire, ce député philanthrope du Nord mort récemment et dont la popularité était grande et vivace parmi les travailleurs.

La culture potagère alimente la famille, la culture maraîchère approvisionne le marché. Mais il est une autre culture qui ne met en œuvre ni cloches, ni châssis, ni chaleur artificielle, la culture légumière en plein champ dont il faut dire quelques mots. Elle joue en effet un rôle considérable dans l'alimentation des villes et l'excédent de ces besoins trouve toujours son écoulement chez les industriels de la conserve et sur les marchés de l'étranger (Angleterre, Suisse, Belgique, Allemagne, etc.).

On fait en plein champ les cultures suivantes : les Potirons, les Courges et les Concombres et Cornichons en Seine-et-Oise (Montlhéry, Longjumeau), dans les Côtes-du-Nord et la Haute-Garonne.

Les Choux à Pontoise, à Étampes, en Bretagne, dans le Calvados, en Alsace et en Auvergne.

Les Choux-fleurs et les Choux Brocolis en Seine-et-Oise (Chambourcy, Orgeval), en Bretagne, notamment à Roscoff, en Anjou, dans l'Orléanais et en Provence.

Les Asperges, à Argenteuil (Seine-et-Oise), dans l'Orléanais, le Loir-et-Cher, la Côte-d'Or, l'Yonne et la Provence.

Les Oignons et les Aulx dans le Pas-de-Calais, la Charente, la Haute-Garonne et la Loire-Inférieure.

Les Fraises dans la vallée de la Bièvre (Seine-et-Oise), en Bretagne, en Maine-et-Loire, Lot-et-Garonne, Vaucluse et Provence.

Les Navets et les Carottes en Seine-et-Oise (Croissy, Montesson), à Meaux, en Alsace et en Loire-Inférieure.

Les Artichauts dans l'Aisne, l'Anjou, la Bretagne, le Roussillon et le Bordelais.

Les Choux de Bruxelles à Rosny (Seine), en Bretagne et dans l'Anjou.

Les Pois dans le Pas-de-Calais, la Bretagne, l'Orléanais, le Lot et Seine-et-Oise.

La Tomate en Ille-et-Vilaine, Charente, Roussillon, Provence et Alsace.

Les Melons en Seine-et-Oise, Loire-Inférieure, Anjou, Gironde, Charente et Vaucluse.

Les Haricots verts en Seine-et-Oise, vallée de la Garonne, Roussillon, Provence et Saône-et-Loire.

La Witloof dans l'Oise et en Seine-et-Marne.

Les Salades variées en Roussillon, Provence, Seine-et-Oise, Loire-Inférieure, Bordelais et Orléanais.

Et nous n'avons pas épuisé la liste des centres de production. Notre climat si varié se prête admirablement aux cultures légumières les plus diverses, tant dans les cultures familiales, dans le potager individuel que dans les cultures en plein champ, puisque la population française y trouve quotidiennement tous les légumes indispensables à son alimentation.

La vogue des légumes est d'ailleurs grandissante depuis que les médecins attribuent aux vitamines, ces substances impondérables récemment découvertes par la science, et dont les légumes sont largement pourvus, un rôle primordial dans la santé.

LA PÉPINIÈRE

par P. LÉCOLIER

Ingénieur horticole,

Professeur d'Arboriculture fruitière à l'École nationale d'Horticulture, Pépiniériste.

P. Lécolier.

Les pépinières d'arbres fruitiers, d'ornement et de Rosiers se sont bien relevées après la grande guerre qui les laissait en mauvaise posture. Les centres se sont réorganisés et parfois quelque peu dé-lacés, comme Vitry et Versailles qui s'é-oignent de la capitale. Les pépinières du Nord, de l'Est, se sont rétablies, comme à Noyon, Cambrai, etc. Celles du Centre, de a Vallée de la Loire, de la Vallée du Rhône t du Midi produisent intensivement.

La production s'établit normalement pour es arbres fruitiers formés aux environs de 'aris; les tiges fruitières et les Pommiers à idre ont un peu plus de peine à se normaiser; les articles forts concernant les planations d'alignement et d'ornement deviennent nettement déficitaires et il faudra uelques années pour atteindre la production ormale.

L'élevage des plants dans les centres spéiaux suit son cours normal, mais la multilication des collections se fait moins. La roduction des Rosiers est en augmentation, 'article étant de plus en plus demandé par a clientèle. Il semblerait qu'il y a une recrudescence de demandes dans les arbres ruitiers et il faudrait souhaiter des plantaions importantes dans les campagnes et lans chaque ferme pour obtenir une producion fruitière digne de notre beau pays.

Le commerce lance des produits certifiés base de vitamines quand le fruit les donne profusion à l'état frais et augmente encore a valeur alimentaire; comme conséquence, l faut produire du fruit.

Les prix de vente, comme les prix de main-d'œuvre et autres, ont suivi l'évolution générale.

Les exportations se manifestent avec des transactions plutôt plus faibles à cause des barrières élevées à l'entrée de certains pays et les importations se raréfient aussi à cause des droits de douane et des frais de transports très onéreux.

La pépinière actuelle (1929) a des tendances à se spécialiser et à rechercher le travail en série avec des carrés de mêmes espèces et mêmes formes. Les plantations y sont faites en vue d'un entretien et d'une culture plus économiques soit dans les défoncements, labours, binages, etc... qui se font à l'aide de chevaux ou de machines à moteurs. La production se fait sur une sélection de formes et de variétés. L'application des engrais et les méthodes nouvelles de culture permettent de fournir des produits plus rapidement. Exemple : le greffage à l'anglaise, le greffage des tiges en septembre, les travaux mécaniques et la taylorisation.

Les coopératives de production et de vente n'existent pas encore, mais les associations ou syndicats ont une heureuse influence sur les cultures, sur le commerce et la diffusion des produits.

Les transports par fer, d'un prix sans cesse augmenté, sont concurrencés par l'automobile et les camions livrent maintenant jusqu'à 100 et 200 kilomètres.

La culture par spécialité en régions convenables semble prendre de l'extension.

Fran Lécolier

LES PLANTES DE SERRE

par Jules CHANTRIER

Horticulteur

I. — Plantes de serre au point de vue art floral.

JULES CHANTRIER.

La Mode, dans l'Art floral, comme en tout autre domaine, impose ses caprices et dicte ses lois. La mode du jour est à la fleur aux couleurs vives et chaudes et veut que les corbeilles et les paniers présentent un ensemble essentiellement fleuri où le rôle du feuillage soit réduit aux besoins des fonds et aux détails de la garniture. A l'automne et en hiver priment, chez les fleuristes, les Azalées de toutes teintes, mais de couleurs roses et rouges principalement, voici quelques variétés les plus courantes : *Mrs Petrick,* rose, *Mrs Petrick alba,* blanc, *Romain de Smet,* rose, *Vervaeneana,* rose panaché, *Apollo,* rouge; de même sont nombreux les Cyclamens, les *Primula obconica,* puis se succèdent les Bruyères, les Hortensias, les *Prunus* variés, les Rosiers grimpants et *Polyantha* poussés en serre et aussi, mais moins nombreux les Bégonias *Gloire de Lorraine.*

Le *Kentia Forsteriana* domine, en toute saison, comme plante verte isolée ou comme plante de garniture, vient après le *Cocos Weddelliana* puis le *Phœnix Rœbelinii.* Les *Nephrolepis,* les *Adiantum Gloire de Moordrecht* et *scutum roseum* en forts sujets ou en grosses potées sont les Fougères qui figurent le plus souvent comme plantes isolées, puis les *Adiantum* variés, les *Pteris* et les Sélaginelles constituent le stock des petites plantes de détail pour la confection des corbeilles.

Ajoutons que, malgré tout, il est remarqué dans les magasins riches quelques corbeilles à feuillage où les Crotons, les *Dracæna* rouges, les Caladiums du Brésil, les *Begonia Rex* rappellent leur vogue d'avant-guerre. En outre, ces plantes sont encore assez recherchées comme plantes isolées, surtout en été et en automne.

II. — Plantes de serre au point de vue collection d'amateur.

La guerre universellement dévastatrice fut la cause de l'anéantissement presque total de toutes les collections, en Belgique et en France, les unes ensevelies sous les ruines du Nord, les autres abandonnées faute de combustible et de main-d'œuvre durant quatre grandes années. Il a donc fallu reconstituer, ce fut long et difficile. Les spécialistes eurent recours à l'assistance des jardins botaniques, de quelques rares jardins particuliers encore existants et des établissements, tels que les serres de la Ville de Paris, le Luxembourg et le Muséum qui seuls possédaient encore quelques éléments. Les variétés patiemment recherchées furent ainsi retrouvées, une par une, de-ci de-là; elles furent regroupées et multipliées si bien que les collections ont été rétablies peu à peu. Dès à présent, la collection de *Dracæna* de la Ville de Paris, les collections de Crotons et d'Aroïdées de la Ville de Paris et du Luxembourg sont aussi riches qu'elles l'ont jamais été; les Palmiers rares reprennent place au Muséum de Paris, tandis que les forts exemplaires des serres de la Tête d'Or à Lyon ont repris leur imposante splendeur de jadis.

Quelques amateurs ont reparu ou se sont révélés, ces dernières années, ils sont encore peu nombreux : les difficultés de toutes sortes, les exigences pécuniaires sont évidemment la cause de leur petit nombre qui augmentera, par la suite, nous l'espérons bien. Toutes les plantes de serre réapparaissent donc peu à peu, en ces nouvelles installations : Crotons, *Dracæna, Anthurium* à fleurs et à feuillage, les Aroïdées, en général, les Broméliacées, les Mélastomacées, les *Maranta,* les *Amaryllis,* les *Begonia Rex*, les Bégonias tubéreux et autres, les Caladiums du Brésil, et même les *Nepenthes*.

Citons, en passant, quelques plantes de caractère qui ont été définitivement perdues durant la guerre : le *Nepenthes bicalcarata*, le *Cephalotus follicularis*, le *Darlingtonia californica*, la plupart des *Sarracenia*, presque tous les *Bertolonia* et presque tous les *Sonerila*, de même les *Gymnogramme*, en grande partie, ont disparu. Par contre, les hybridations et les semis ont été repris avec ardeur, ces temps derniers, un peu partout. L'on compte déjà bon nombre de belles obtentions d'après-guerre, notamment dans les genres Caladium du Brésil, *Begonia Rex* et tubéreux, *Amaryllis* et nous pouvons signaler que de jolies séries de nouveautés paraîtront prochainement dans les genres *Anthurium Andreanum* et *A. Scherzerianum*.

Jules Chantrier

LA POMOLOGIE

par L. CHASSET

Secrétaire général de la Société pomologique de France,
Directeur de la Station viticole et pomologique de Villefranche (Rhône).

L. CHASSET.

En 1829, Louis Noisette poursuivait la publication de son ouvrage *Le Jardin fruitier* commencée quelques années auparavant, et dont l'importance rappelait les travaux de Duhamel du Monceau, publiés en 1768 et 1782.

Poursuivant les recherches de ce dernier auteur, Louis Noisette signale à son tour un certain nombre de synonymes dans les quelques centaines de fruits décrits dans le *Jardin fruitier*.

En 1846, Poiteau publie son superbe ouvrage *La Pomologie française* où les fruits sont représentés en couleurs, c'est le premier ouvrage français de cette importance que nous pouvons signaler.

Dix ans plus tard, en 1856, la Société impériale d'horticulture du Rhône organise à Lyon, le premier Congrès pomologique de France : personne parmi les vieux pomologues réunis n'ose prendre la Présidence ; un jeune, Charles Baltet, accepte de prendre la direction des travaux, il a 25 ans !

Avec ordre et méthode on étudie la situation de la Pomologie en France et à l'étranger, un programme de travaux est établi pour les années suivantes, et de suite le Congrès attaque l'étude des synonymes nombreux en cherchant à donner à chaque fruit son nom véritable.

Les réunions se suivent d'année en année, le Congrès pomologique de France est en marche, il vit... et il dure toujours à l'heure actuelle, après avoir parcouru les grandes villes de France et de l'étranger et porté avec lui un peu de lumière dans la confusion des variétés fruitières.

C'est alors que l'influence de ces congrès annuels se fait sentir. Nous assistons à la naissance de ce que l'on pourrait appeler la *grande période pomologique :* Decaisne publie *Le Verger du Muséum* en 9 volumes ; Mas, *Le Verger* en 6 volumes ; de Mortillet, *Les meilleurs fruits* en 4 volumes ; Simon Louis, *Guide pratique de l'amateur de fruits ;* 1 volume, dans lequel la famille Jouin a réuni à peu près tous les synonymes des fruits ; la Société Pomologique de France publie *La Pomologie de la France* en 8 volumes ; André Leroy, son *Dictionnaire de*

Pomologie en 4 volumes, et Mas complète son *Verger* par *La Pomologie générale* en 12 volumes.

Toute cette production d'œuvres splendides et luxueuses se fait de 1860 à 1879, depuis cette date Anatole de la Bastie rédige *Le Jardin de Belvey* dont la publication est commencée en 1919 et qui ne peut être continuée en raison des prix d'impression trop élevés.

La Société pomologique de France continue à se réunir chaque année en Congrès dans les diverses régions de la France; elle étudie les fruits anciens ou nouveaux, les classe par catégories, les recommande ou les rejette; pour les recommander elle les adopte, et les fait figurer au Catalogue des fruits adoptés par le Congrès pomologique.

Ce catalogue édité pour la première fois en 1872 ne contient que les fruits recommandables, il a été réédité successivement en 1886, en 1906 et en 1927.

La Société nationale d'Horticulture de France, de son côté, publiait en 1907 *Les meilleurs fruits au début du XXe siècle* et elle vient de procéder à une 2e édition de cet ouvrage en 1928. C'est assurément avec le *Catalogue des fruits adoptés par le Congrès* les deux meilleurs guides publiés à notre époque. Le journal *La Pomologie française*, organe mensuel de la Société pomologique de France, est toujours le seul journal pomologique depuis sa création en 1872.

Enfin, nous venons nous-même de publier un *Essai de détermination des fruits* (*Poires*) en 1 volume, une *clef analytique* pourrait-on dire, qui permet de déterminer facilement les principales variétés de Poires répandues dans nos vergers.

Voilà pour la littérature pomologique. L'enseignement de la Pomologie a été organisé à l'École nationale d'Horticulture de Versailles; hier c'était le maître en pomologie, Alfred Nomblot, qui enseignait; aujourd'hui, c'est Paul Lécolier, qui assume cette charge; avant Nomblot, Nanot et Grosdemange avaient également enseigné ce cours à l'École.

Dans le domaine de la pratique ce siècle a donné d'excellents résultats; nous trouvons dans les fruits adoptés par le Congrès et par la Société nationale d'Horticulture de France les nombreuses variétés suivantes obtenues pendant cette période : 10 Abricots, 1 Amande, 9 Cerises et Bigarreaux, 22 Fraises, 7 Framboises, 3 Groseilles, 1 Noisette, 4 Noix, 24 Pêches, 52 Poires, 8 Pommes, 9 Prunes, ceci sans compter les importations de fruits étrangers.

Et combien de variétés méritantes ont été abandonnées faute d'avoir été suffisamment sélectionnés par les semeurs, ou trop peu étudiées par les amateurs.

Enfin, dans le domaine économique, la Pomologie joue un certain rôle; pendant longtemps elle s'est bornée à étudier les fruits pour le seul plaisir de la table de l'amateur de bons fruits; aujourd'hui son rôle se précise de plus en plus vers le choix des variétés de marché et d'exportation, c'est ainsi que les meilleures variétés à cultiver dans ce but sont nettement déterminées et indiquées au public, et que des milliers de wagons de fruits sont annuellement livrés au trafic des chemins de fer, c'est sur des milliers d'hectares que les fruits recommandés sont cultivés.

L'arboriculture fruitière vient apporter maintenant tous les perfectionnements de soins et de culture pour assurer une meilleure et plus belle production dans nos vergers. Cette coopération étroite de ces deux sciences fait que, bien souvent, elles sont confondues en une seule : tous les pomologues sont obligatoirement arboriculteurs de nos jours,... mais les arboriculteurs ne sont pas forcément des pomologues!

Lesasset

L'ENSEIGNEMENT DE L'HORTICULTURE EN FRANCE

par J. PINELLE

Ingénieur horticole,
Directeur de l'École nationale d'Horticulture,
Professeur d'Arboriculture d'ornement.

J. PINELLE.

L'ENSEIGNEMENT de l'Horticulture a lieu actuellement soit dans des écoles spéciales, soit dans des cours ou conférences.

Les écoles peuvent être classées en trois catégories :

1° *Degré supérieur.* — École nationale d'Horticulture de Versailles, qui est l'école supérieure de l'Horticulture. Les professeurs spéciaux d'Horticulture et les professeurs d'Horticulture des écoles de l'État sont choisis au concours exclusivement parmi les anciens élèves de Versailles munis du titre d'Ingénieur horticole.

2° *Degré moyen.* — École pratique d'Horticulture d'Hyères (Var); École pratique d'Horticulture d'Écully (Rhône); ainsi que l'École municipale et départementale d'Horticulture de la Ville de Paris, 1, avenue Daumesnil, à Saint-Mandé.

3° *Degré élémentaire.* — École professionnelle d'Horticulture « Le Nôtre », Assistance publique de la Seine, à Villepreux (Seine-et-Oise); École Théophile Roussel, à Montesson (Seine-et-Oise); École d'apprentissage horticole et agricole de Chamigny, par la Ferté-sous-Jouarre (Seine-et-Marne); École d'apprentissage pour les Pupilles de la Nation, à Épluches près Pontoise (Seine-et-Oise); Centre d'apprentissage horticole d'Arnouville-les-Gonesse (Seine-et-Oise);

Un certain nombre d'établissements privés, présentant pour la plupart un caractère d'assistance et de charité, enseignent également l'Horticulture; les principaux sont : École d'Horticulture Saint-Nicolas, à Igny (Seine-et-Oise); École Fénelon, à Vaujours (Seine-et-Oise); École Saint-Philippe, à Fleury-Meudon (Seine-et-Oise), etc....

En dehors des établissements que nous venons d'énumérer, l'enseignement de l'Horticulture est donné, avec un développement plus ou moins étendu, à : l'Institut national agronomique, à Paris; à l'Institut national d'Agronomie coloniale à Nogent-sur-Marne; aux Écoles nationales d'Agriculture de garçons (Grignon, Montpellier, Rennes), de jeunes filles (Coëtlogon); dans toutes les écoles pratiques d'Agriculture où le chef de pratique horticole est chargé de cet enseignement; dans les écoles ménagères fixes ou ambulantes; dans les écoles d'agriculture d'hiver ou saisonnières, fixes ou ambulantes : dans les sections agricoles des établissements d'enseignement général : lycées, collèges, écoles primaires supérieures.

Enfin, une circulaire ministérielle de septembre 1927, a fixé le programme relativement complet des leçons d'Horticulture à enseigner, à titre d'essai, dans une vingtaine d'écoles normales d'instituteurs.

COURS ET CONFÉRENCES

La région parisienne est favorisée à ce point de vue; on peut y suivre facilement les cours suivants :

Arboriculture fruitière : Sociétés d'Horticulture de Montreuil-sous-Bois, Fontenay, Vincennes, Jardins du Luxembourg;

Horticulture générale : École d'Horticulture de la ville de Paris, 1, avenue Daumesnil, à Saint-Mandé;

Botanique, Entomologie, Culture : au Muséum d'Histoire naturelle;

Entomologie, Cryptogamie : à la Société

nationale d'Horticulture de France, 84, rue de Grenelle, à Paris.

Les jours et heures de ces conférences sont indiqués dans les journaux horticoles.

D'importantes Sociétés d'Horticulture de province : Angers, Lyon, Orléans, etc., ont créé des cours d'Arboriculture fruitière, Culture potagère, Floriculture, Viticulture, etc., ayant lieu en semaine, dans la soirée, ou le dimanche matin, accessibles par conséquent, aux apprentis jardiniers et aux amateurs.

Ces cours, théoriques et pratiques, sont sanctionnés par des examens: les lauréats obtiennent des diplômes auxquels sont jointes des récompenses en argent ou des médailles.

D'autres sociétés : Abbeville, Chartres, Épernay, Le Mans, Rouen, etc., ou les villes elles-mêmes, comme Évreux, Lille, Nantes, Rennes, etc., ont créé des Jardins-écoles dans lesquels ont lieu des conférences pratiques, faites généralement par le jardinier-chef, pour les amateurs et apprentis.

Enfin, d'autres sociétés, n'ayant pas les fonds suffisants pour établir des cours réguliers, se contentent de créer des conférences ou leçons les jours de réunion.

Ces causeries sont faites par des horticulteurs, chefs jardiniers de la rég on, ou par les professeurs spéciaux d'Horticulture, fonctionnaires de l'État installés depuis peu d'années à Blois, Dijon, Lille, Lyon, Melun, Metz, Nancy, Orléans, Toulouse, et rayonnant chacun dans plusieurs départements limitrophes.

Le rôle des professeurs spéciaux d'Horticulture est extrêmement important; dans quelques années, leur action pourra s'étendre à toutes les régions horticoles de notre pays.

Nous ne sommes pas encore arrivés aux points fixés par le projet de décret sur l'enseignement de l'Horticulture en France, par A. Du Breuil, en 1848, qui demandait une école centrale d'Horticulture et une école d'Horticulture dans chaque département français, mais il y a eu néanmoins une sérieuse amélioration qui, nous l'espérons, se continuera.

A. Pinelle

LA SCIENCE ET L'HORTICULTURE

par A. GUILLAUMIN

Docteur ès sciences,

Sous-Directeur du Laboratoire de culture au Muséum national d'Histoire naturelle.

A. Guillaumin.

Depuis un siècle, l'Horticulture a prodigieusement évolué, d'empirique, elle est devenue scientifique : d'art, elle est devenue une science. Comme telle, elle présente de multiples points de contact avec les autres disciplines : l'horticulteur qui cherche à obtenir des variétés ou des hybrides nouveaux ne doit rien ignorer de la génétique, celui qui s'efforce de lutter contre les ennemis animaux et végétaux des plantes de nos jardins doit connaître toutes les particularités de la biologie de ceux-ci et si l'on veut obtenir les meilleurs rendements, il faut savoir la physiologie des plantes, la chimie du sol et le rôle des microorganismes qui l'habitent.

Cette interpénétration des diverses sciences et de l'Horticulture demande, avant tout, un langage commun; aussi ne saurait-on trop insister sur la nécessité d'employer, en Horticulture, des mots et une terminologie exacts, nonobstant des habitudes anciennes.

Il existe encore malheureusement chez les scientifiques, les botanistes surtout, une prévention contre l'Horticulture : ceux-ci ui reprochent de sacrifier trop souvent l'in-érêt scientifique au bénéfice commercial et l faut bien avouer que bien des soi-disant ouveautés sont lancées sur le marché sans 'être assuré auparavant si elles ne sont pas éjà connues sous un autre nom.

Pour toutes ces raisons, il est indispensa-le que les horticulteurs se tiennent au cou-ant des techniques suivies et des résultats btenus s'ils veulent profiter de l'expérience es autres ; comme aucune bibliothèque ne enferme toutes les publications françaises et trangères et que les professionnels ne dis-osent pas du temps que demanderait la cture de documents si variés, il est néces-saire qu'il existe une bibliographie horticole analogue à celles qui sont publiées en France depuis quelques années pour la Botanique, la Zoologie, etc.

En résumé, je suis persuadé que l'avenir de l'Horticulture est dans une coopération de plus en plus intime entre les praticiens et les théoriciens, entre les champs d'expérience et les laboratoires, non seulement du pays mais de tout l'univers.

LA GÉNÉTIQUE ET L'HORTICULTURE

par A. MEUNISSIER

Ingénieur horticole,

Chef du Service expérimental et des collections de la Maison Vilmorin-Andrieux et Cie.

A. Meunissier.

Les recherches de Morgan et de ses élèves, aux États-Unis, sur la mouche du vinaigre (*Drosophila*) ont permis de faire, depuis 15 ans, un bond considérable dans le domaine de la science de l'hérédité ; tout en nfirmant, d'une manière éclatante, les lois ablies par le moine Mendel, il y a 50 ans assés, mais exhumées seulement au com-encement du siècle.

La théorie chromosomique de l'hérédité, asée sur ces recherches, et d'après laquelle, acun des facteurs héréditaires ou *gènes* est fectivement représenté en un point quel-nque des chromosomes de toute cellule vante, se vérifie chaque jour davantage. omme le dit Guyenot [1], « Tout ce que l'on nnait à l'heure actuelle de l'hérédité *vraie* se rapporte aux chromosomes » ; et la théorie qui les concerne est, maintenant, la seule explication possible des phénomènes mendéliens.

A la lumière de ces faits, les théories courantes concernant l'évolution — et qui n'ont jamais été que des vues de l'esprit — se désagrègent. Le mot de *chromosome*, aujourd'hui encore inconnu du grand public, va passer dans le langage courant, puisqu'il désigne les particules cellulaires qui portent toute l'hérédité, « les plus importantes choses du monde » si on considère leur taille ; car ce sont elles, somme toute, « qui nous font ce que nous sommes », comme l'explique Jean Rostand, d'une manière aussi claire que brillante, dans un livre tout récent [2].

Quelles applications pratiques peuvent résulter de ces recherches sensationnelles ? L'espace restreint dont nous disposons ne nous permet pas de les énumérer ici ; mais nous pouvons citer néanmoins les cas de *polyploïdie*, dans lesquels le nombre normal

1. *L'Hérédité* (Paris, 1923).

2. *Les Chromosomes, artisans de l'hérédité* (Paris, 1928).

des chromosomes chez une espèce donnée, se trouve brusquement augmenté ; beaucoup d'exemples sont déjà connus ; et, comme horticulteurs, ceci nous intéresse, puisque l'on sait que cette polyploïdie s'accompagne généralement, chez les plantes, d'un accroissement du volume des fleurs et des fruits.

Il y a aussi la question des *mutations provoquées*, points de départ de formes nouvelles, par l'emploi possible d'agents extérieurs, modifiant l'équilibre chromosomique et permettant d'obtenir ainsi des changements dans la morphogénèse des individus et de leur descendance.

Mais la grande perturbatrice reste toujours l'hybridation ; soit que l'on cherche, grâce à elle, à obtenir de la polyploïdie ; soit que l'on se borne à essayer de passer, d'une forme chez une autre, des caractéristiques intéressantes.

L'*heterosis*, ou la plus grande vigueur résultant de l'état hybride, peut également présenter une réelle importance économique. Au point de vue strictement pratique, il y a enfin lieu de préconiser l'emploi des nouvelles méthodes de comparaison — mathématiques ou autres — qui permettent de reconnaître les formes meilleures, en éliminant toutes les causes d'erreur résultant de l'action du milieu.

Comme l'a dit l'éminent président du congrès de génétique de Berlin, le Professeur Baur : « Chaque progrès réalisé en génétique ouvre des possibilités nouvelles de perfectionnement des êtres vivants ; et des retards scientifiques peuvent devenir des retards économiques. » Des rapports étroits doivent donc être maintenus entre théoriciens et praticiens ; et cela est tout au moins aussi facile pour l'horticulteur que pour l'agriculteur.

A. Meunissier

LA FLORICULTURE DE PLEIN AIR

par F. MORNAY

Ingénieur horticole,
Jardinier principal de la ville de Paris,
Professeur de Floriculture à l'École nationale d'Horticulture.

F. Mornay.

Si, nous reportant à quelque vingt ans en arrière, nous consultons les listes des plantes employées aux décorations florales des jardins, il ne paraît pas qu'un grand changement se soit produit dans les compositions florales.

Un fait cependant est à noter, c'est, à de rares exceptions près, la disparition complète de la mosaïculture, déjà fort en déclin à la fin du XIXe siècle. La rareté, la cherté de la main-d'œuvre, maux dont souffrait déjà l'Horticulture et qui n'ont fait que s'aggraver, sont une des causes principales de la défaveur d'un genre qui nécessitait une grande quantité de plantes, et par cela même était fort dispendieux, et qui demandait avant tout un goût très sûr de composition et d'exécution. Il nous faut donc, comme conséquence, signaler l'absence de nos jardins d'une quantité de plantes basses, formant tapis, et qui n'avaient d'autre emploi que la mosaïculture.

Ce sont les mêmes causes qui ont amené également l'abandon, par nombre de jardiniers et d'horticulteurs, de certains végétaux autrefois fort employés, comme les Bégonias suffrutescents : les Abutilons, les Fuchsias, es Héliotropes, les Lantanas, etc., dressés n tiges ou en pyramides, plantes qui lemandaient parfois plusieurs années d'éducation et un hivernage coûteux. Les horticulteurs professionnels et les amateurs leur préfèrent aujourd'hui les plantes de semis ou le boutures à végétation rapide, n'occupant serres et châssis que quelques mois.

Si, dans son ensemble, la décoration florale a peu varié, nous devons signaler 'emploi de plus en plus répandu des plantes vivaces en association avec les plantes ordinairement utilisées (*Ageratum*, *Begonia*, *Geranium*, etc.). On cherche ainsi, non plus une floraison uniforme et de longue durée, mais une succession de floraisons aux coloris variés; c'est ainsi que sont traitées avec succès les larges plates-bandes entourant certains massifs de nos promenades publiques, les grandes parties françaises du parc de St-Cloud, du Luxembourg. Les obtentions horticoles remarquables de ces dernières années dans de nombreux genres comme les *Aster*, *Dahlia*, *Delphinium*, *Helenium*, *Phlox*, etc., n'ont pas peu contribué à développer l'habitude de ces compositions en mélange, compositions souvent difficiles à établir, mais d'un grand intérêt décoratif.

Nous remarquerons enfin la tendance de plus en plus marquée, non plus à l'association harmonieuse des couleurs, mais au contraire à l'opposition de tons violents; l'œil s'y habitue du reste fort bien et les jardiniers n'ont fait en cela que suivre les suggestions données par l'Exposition des Arts décoratifs de 1925.

LES ARBRES ET ARBUSTES D'ORNEMENT

par Léon CHENAULT
Horticulteur.

LÉON CHENAULT.

Les collections se sont considérablement enrichies au début du xxe siècle.

Les missionnaires français en Chine, guidés et subventionnés par M. Maurice de Vilmorin, envoyèrent en France des graines, et de nombreux échantillons qui furent pour la plupart déterminés par Franchet; ils révélèrent les richesses encore insoupçonnées de la Chine centrale, éveillèrent l'attention du monde horticole, suscitèrent les convoitises de nombreux explorateurs qui partirent avec enthousiasme à la conquête de nouvelles richesses végétales.

Parmi les nombreuses espèces introduites, je ne pourrai dans un article aussi succinct, que citer un petit nombre de celles qui présentent le plus d'intérêt, qui se sont imposées par leurs qualités décoratives et ont conquis la faveur des amateurs et des horticulteurs.

Abelia Groebneriana et *longituba*, floribonds et rustiques. De la centaine de *Berberis* qui ont été déterminés, il convient de signaler ceux à feuilles persistantes : *acuminata*, *candidula*, *Gagnepainii*, *Julianæ*, *pruinosa*, *verruculosa*; parmi ceux à feuilles caduques, si décoratifs par leurs fruits : *polyantha*, *subcaulialata*, *Wilsonii*, *yunnanensis*, auxquels il convient d'ajouter le *B. Thunbergii atropurpurea*, d'obtention récente, si recommandable à tous égards.

Les *Callicarpa* qui viennent enrichir la catégorie des arbustes à fruits d'ornement avec les variétés, *Giraldi*, *Koreana*, *longifolia*.

Les *Chamæcerasus nitida* et *pileata* à feuilles persistantes se sont imposés avec succès.

Les Cotonéasters ont définitivement conquis les faveurs de la mode; leur feuillage persistant, leur abondante floraison suivie d'une multitude de fruits d'un rouge éclatant, les ont fait admettre dans tous les jardins. Parmi les nouvelles introductions : *C. Franchetti, Henryana, salicifolia, floccosa, serotina*, sont des plus méritants.

Arbre curieux par son étrange floraison, le *Davidia involucrata* se répand dans les jardins, ses fleurs à double spathe, semblent être, a dit Wilson, « une multitude d'oiseaux blancs dispersés dans le feuillage. »

Les *Dipelta floribunda, ventricosa, yunnanensis* resteront des plus désirables parmi les arbustes à fleurs; *Kolkwitzia amabilis*, gracieux et floribond.

Quelques Magnolias à feuilles caduques d'origine chinoise commencent à paraître dans les jardins, *M. Dawsoniana, M. Nicholsoniana, Sargentiana, Wilsonii*, etc.

Les arbustes à feuilles pourpres et à fleurs connaissent une vogue toujours croissante; aux *Prunus Pissardii* et ses variétés *Blereana, Moserii flore pleno, P. nigra*, il convient d'ajouter les *Malus floribunda purpurea, Aldenhamensis, Lemoinei purpurea.*

Les *Populus lasiocarpa, szechuanica, Schneideriana*, de la Chine, nous présentent des feuilles de 0m,30 avec des nervures rouges à revers rose laiteux.

Les *Pyracantha* rivalisent avec les *Cotoneaster;* ils jouissent des mêmes avantages et des mêmes faveurs. Récemment introduits *P. crenulata yunnanensis, Gibsii, Rogersiana, Rogersiana flava.*

Dans les nouveaux *Syringa* chinois, certains sont à recommander : *S. Komarowi, pinnatifolia, Sargentiana, Sweginzowii, Wilsonii.*

Les *Viburnum* comptent en Chine de nombreux représentants, parmi ceux à feuilles persistantes : *V. buddleifolium, Davidii, Harryanum, Henryi, rhytidophyllum, utile;* à feuilles caduques, *V. Carlesii, fragrans*, aux fleurs hâtives et parfumées, *V. hupehense, ovalifolium, theiferum*, à fruits nombreux et décoratifs.

Léon Chenault

LES EXPOSITIONS D'HORTICULTURE

par Philippe RIVOIRE

Secrétaire général de la Société française des Chrysanthémistes,
Horticulteur marchand-grainier.

PHILIPPE RIVOIRE.

Ce n'est pas seulement par leur importance que les expositions actuelles se distinguent de celles que l'on faisait, il y a un siècle. Certes il y a loin de la cinquantaine de plantes exposées, au début du siècle dernier dans un petit cabaret de Frascati, faubourg de Gand, aux merveilles florales accumulées aux formidables Floralies de 1923 ou 1928. Mais c'est surtout dans l'arrangement et la présentation des plantes et des fleurs qu'il a été réalisé d'énormes progrès.

Autrefois on se contentait de placer les pots les uns à côté des autres, bien symétriquement, et de piquer les fleurs dans des vases ou simplement des bouteilles, correctement alignées. La palme revenait généralement au plus grand nombre de variétés présentées, parmi lesquelles il y en avait forcément de médiocres.

Pour sortir de la banalité et en arriver à des présentations artistiques et de grand effet, il fallait briser le cadre étroit des programmes d'exposition et donner aux exposants la liberté d'allures nécessaire. J'ai quelque satisfaction à rappeler la campagne que j'entrepris, il y a trente ans, dans la presse horticole dans le but d'arriver à la suppression des programmes, campagne qui eut à l'époque un grand retentissement.

Il n'était pas besoin du reste d'arriver à une solution aussi radicale. Il suffisait — et on le fit partout — de donner aux exposants la faculté de grouper plantes et fleurs à leur guise et d'employer les accessoires nécessaires pour accroître l'attrait de l'ensemble qu'ils créaient, d'après un plan établi au préalable.

C'est ainsi qu'ils firent appel aux architectes, aux sculpteurs ornemanistes et même aux électriciens pour constituer ces merveilleuses présentations que nous admirons aujourd'hui. Il suffit par exemple de rappeler, aux dernières Floralies gantoises la fontaine azurée, encadrée des *Medinilla* de Laeken et surmontée de plantes de serre aux riches feuillages, ou encore la grotte fleurie de milliers d'Orchidées, et aussi les scènes paysagères ou théâtrales que les principales firmes horticoles créent chaque année aux expositions de Paris et de Lyon. Ces exemples feront comprendre l'importance des progrès réalisés depuis un siècle dans le mode de présentation des produits horticoles.

Ces admirables exhibitions ont contribué à généraliser le goût des fleurs dans la masse du public, et c'est ce qui explique les recettes considérables auxquelles arrivent aujourd'hui les sociétés organisatrices. Alors qu'une exposition creusait toujours autrefois un déficit dans leur caisse, elles font aujourd'hui, malgré l'accroissement des frais, un bénéfice appréciable. N'est-ce pas la meilleur preuve de l'intérêt que présentent les expositions actuelles ?

L'ART DES JARDINS

par Aug. LOIZEAU

Architecte paysagiste, Ingénieur horticole, E. H. V. P., E. S. H. V.

Aug. Loizeau.

La formule actuelle des jardins se résume dans l'emploi exagéré des « fabriques » au détriment des végétaux que l'on ne connaît plus. Les jardins actuels sont des scènes de cinéma où sont prodigués les escaliers, les haies, les portiques, les fontaines, les statues, les dallages ; que vous observiez le Midi, le Nord, la ville ou les champs !

Il est vrai que l'heure n'est pas aux grandes compositions, on traite plutôt de petits sujets où, signe des temps, on veut tout avoir.

Notre maître Ed. André voyait le jardin avec un recul de trente ans... quant à son développement. Il avait sa palette où toutes les couleurs, toutes les formes venaient concourir pour un ensemble d'avenir, chaque œuvre était un tableau nouveau, une composition. Grâce aux richesses végétales l'œil était satisfait, sans heurt, sans répétition, alors que maintenant les pastiches sont légion.

Le jardin de l'heure est régulier, l'influence des décorateurs et des architectes tend à prédominer, les architectes paysagistes même en subissent l'ascendant et suivent.

La valeur végétative n'est plus qu'un complément ; à notre avis, c'est une erreur.

L'architecte paysagiste actuel doit travailler la décoration végétale afin de rester : lui-même, indépendant, libre et fort. Chaque propriété étant un problème nouveau à résoudre, il est le guide de celui qui possède plutôt qu'il ne lui impose ses volontés : tant d'influences entrant en jeu.

On s'évertue, en cette époque de dépenses, à prodiguer, à multiplier les détails, au détriment du premier caractère de la beauté, « la simplicité » ; cela correspond à l'esprit moderne tel que nous le vivons.

Sans revenir au romantisme (il a vécu en son temps), les nerfs ont besoin de calme et on demande déjà des scènes où le jardin repose de la vie trépidante imposée par le progrès.

Autour de l'habitation, tous les détails rappellent la vie intérieure et sont en liaison intime avec celle-ci, puis, c'est l'acheminement jusqu'à la nature, où tels les bergers d'Arcadie, nous aimons à voir paître les troupeaux sous les ombrages : la nature est toujours belle, toujours vraie.

L'effet décoratif des végétaux en liaison avec l'extérieur, est allié à l'effet décoratif des matériaux et constructions modernes, sans excès dans l'emploi de ceux-ci. On cherche à reprendre virtuellement possession du paysage environnant, alors que l'on a borné et limité toutes les scènes dans les petits jardins, telles les coulisses d'un théâtre.

On rend pratique le jardin : quant aux besoins modernes ; on tire parti du terrain : quant à l'adaptation des scènes ; ceci crée de l'imprévu et chaque œuvre a son caractère propre.

Dans les créations dernières, la méthode de nos amis d'Angleterre a quelque peu influencé les conceptions modernes en France : plantation par masses, des plantes vivaces, des plantes de saison. Il n'y a pas à regretter cette influence, elle a fait travailler et chercher, elle a apporté l'impressionnisme qui manquait à nos jardins.

Néanmoins, à l'heure actuelle le jardin est trop froid, trop stylisé, trop voulu : parce que trop construit ; influence exagérée des principes dominant les jardins d'Italie ou les écoles saxonnes et anglo-saxonnes.

Et, si « l'ennui naquit un jour de l'uniformité », nous sommes à la veille de connaître une conception plus simple, plus en rapport avec le calme qui doit succéder à une époque de vie intense et nerveuse à l'excès.

L. Rozeau

LA DÉCORATION DES JARDINS

par Georges BELLAIR
Ingénieur horticole,
Jardinier-chef honoraire des Palais nationaux,
Publiciste horticole.

GEORGES BELLAIR.

Au jardin comme ailleurs, l'art décoratif s'exprime par des couleurs et des formes : un beau Chêne, sain, libre, vigoureux, centenaire, qu'aucun obstacle n'a gêné dans sa pousse ; une grande nappe de Bégonias en fleurs couvrant la surface d'une corbeille, voilà de quoi nous enchanter, et nous communiquer une de ces émotions puissantes, qui exalte toutes nos facultés, celles du corps autant que celles de l'esprit et cela, dit Ch. Levêque, « au point d'accélérer le mouvement du cœur, le cours du sang, et d'animer le visage des couleurs de la santé ».

Si l'art décoratif s'exprime par des couleurs et des formes, notre tendance dans tous les jardins sera donc, aujourd'hui comme hier, cette année comme l'an dernier, de faire du spectacle des plantes « une fête pour nos sens et surtout pour nos yeux ».

Mais il faut tenir compte de l'action des événements.

Pendant deux ans, en pleine guerre (1916-1917), j'ai cultivé des légumes dans les parterres de Versailles. La guerre terminée, la loi de huit heures et l'insuffisance des crédits obligèrent, un peu dans tous les jardins publics, de chercher des combinaisons qui permissent d'économiser du temps et de l'argent.

A cette époque, la flore des parterres et des corbeilles se modifia. Pour ma part j'introduisis, par pure nécessité, mais avec un certain plaisir, en raison de l'économie que je réalisais ainsi, la culture de la Verveine rugueuse (*Verbena venosa*) dans les parterres de Versailles à la place des Pélargoniums et, risquant l'aventure, je laissai deux ans de suite à la même place (Parterre du Midi) cette Verveine rustique qui m'économisait du charbon.

D'autre part les Dahlias nains furent plantés en plus grand nombre (aux Tuileries surtout) et d'autres plantes vivaces rustiques vinrent s'ajouter à la Verveine rugueuse et se cultivèrent comme elle à peu de frais ; enfin les mosaïques florales, si laborieuses à établir, si dépensières de main-d'œuvre, furent moins admises que dans le passé.

Si ces deux moments : la guerre et l'après-guerre nous ont poussé à modifier ainsi le mode de décoration des jardins, c'est donc que l'art décoratif (comme l'art tout court), est l'expression de l'état des esprits. On trouve dans notre passé de nombreux faits confirmant cette règle.

Par exemple chaque époque de notre histoire a eu son style : *Style renaissance, style Louis XIV, style paysager,* pour ne parler que des jardins.

« L'œil, dit Taine, est un gourmet comme la bouche : une corbeille, un parterre bien fleuris sont des festins exquis qu'on lui sert. »

Pour préparer ces festins, nous créons des jardins de plus en plus fleuris, c'est-à-dire de plus en plus colorés ; c'est qu'en effet la fleur, noblesse et gaieté des plantes, est l'organe qui, par ses couleurs, a le plus de valeur esthétique. Nous avons réussi à exalter cette valeur en créant des plantes fleurissant à profusion : *Rosiers multiflores nains, Bégonias tubéreux multiflores, Begonia semperflorens hybrides, Begonia gracilis,* Balsamine de la race *Buisson fleuri,* Zinnias, *Tagetes,* etc. Toutes ces formes à pouvoir florifère élevé sont, pour la décoration des jardins, des ressources précieuses que l'on met de plus en plus à profit.

Concluons : Dans le jardin public ou privé qui lui est confié, le jardinier orne les corbeilles selon l'idée qu'il se fait des décorations florales.

Cette idée nous plaît ou nous laisse indifférents ; si elle plaît, c'est que son auteur a su exprimer, sans maladresses et sans confusions, le tempérament de notre race ; c'est qu'il a la même sensibilité qu'elle, la même sympathie, la même intelligence rapide de ce qui est beau, que ce soit une consonance de couleurs ou tout autre association harmonieuse d'éléments divers.

G. Bellair

LE COMMERCE HORTICOLE

Par François CHARMEUX

Secrétaire du Syndicat des producteurs de fruits forcés de la région de Paris, Publiciste horticole, Conseiller technique des Services commerciaux de la Cie d'Orléans.

François Charmeux.

Nos légumes, nos fruits et primeurs comptent au premier rang des produits renommés qui concourent à la constante amélioration de notre change à l'étranger. Sur cinquante millions d'hectares consacrés à la production agricole française, nos cultures horticoles en occupent sept millions, dont la valeur totale fut estimée, au Congrès de Strasbourg de 1927, à trois milliards.

Ne pouvant entrer dans les détails de cette production, nous citerons seulement quelques gros chiffres relatifs aux cultures prédominantes :

Fruits.

	Tonnes.
Poires et Pommes de table	356.588
Raisins de table	100.000

Prunes	77.226
Cerises	52.707
Pêches	21.762
Fraises	12.600
Groseilles, Framboises	4.011
Figues	1.120
Abricots	800

Légumes.

	Tonnes.
Pommes de terre	15.195.038
Légumes secs	254.396
Pois verts	93.192
Choux-fleurs	58.000
Tomates	43.500
Haricots verts	31.695
Oignons	22.800
Asperges	8.936
Melons	7.788

La densité toujours croissante de la population parisienne et des grandes villes a provoqué depuis la guerre une culture extraordinairement intensive de tous les légumes frais, forcés et autres. qui nous permet d'exporter aujourd'hui sur l'Angleterre, la Belgique, l'Allemagne et la Suisse entre autres, plus de 6.000 tonnes de produits maraîchers. Mais les prix du charbon et de tous les matériaux de construction s'opposèrent jusqu'à ce jour à la renaissance de nos belles Grapperies et Forceries (Roubaix, Bailleul, Quessy) détruites pendant la guerre, qui fournissaient au seul marché de Paris les 4/5 des fruits forcés.

Il existait encore en 1915, environ 3.500.000 mètres carrés de surface vitrée produisant 21.500.000 francs dont 1/9 pour les fruits.

Paris ne comptait il y a cent ans que 786.000 habitants, approvisionnés en fruits et légumes par les départements dans un faible rayon de 100 à 120 kilomètres. Les arrivages s'effectuaient principalement par les voies fluviales et les canaux, pour être vendus sous d'insuffisants abris mobiles au Marché des Innocents.

Ce n'est qu'en 1857, que les Halles Centrales, dont la première pierre avait été posée en 1851, furent remises à la ville pour la vente « assurée et rémunératrice » des produits pouvant assurer l'alimentation de 1.174.346 habitants.

En 1867, les apports en fruits et légumes chiffraient plus d'un million de kilos. Et en 1896, lors de la dernière règlementation établissant un contrôle administratif sur toutes les ventes à la criée ou à l'amiable, les apports fruitiers et maraîchers étaient déjà de 13 millions de kilos environ pour une population de 2.356.834 habitants. — Le Département de la Seine tout entier comptait à l'époque 3.300.000 habitants.

Aujourd'hui, Paris est de toutes les capitales du monde celle où se rencontre la plus forte densité humaine (36.803 habitants au kilomètre carré). Avec sa banlieue grossie de 2 millions en cinquante ans, c'est un peuple de 5 millions d'âmes qui doit puiser quotidiennement à son grand marché des Halles Centrales.

Ce marché nous reflète actuellement, pour les produits qui nous occupent, une masse annuelle de 100.000 tonnes que reçoivent en majeure partie par chemin de fer — 91 % — les pavillons et annexes et les maisons d'approvisionnement et de commission situées dans leur périmètre.

78 mandataires (remplaçant les 2 facteurs de 1858 et les 25 mandataires de 1896-1914) et 186 maisons, auxquels il faut adjoindre aujourd'hui 540 approvisionneurs du carreau forain — voies publiques donnant accès aux Halles ou les traversant — travaillent chaque matin à l'écoulement de cette abondance, sous le contrôle vigilant de la Préfecture de Police chargée d'assurer le bon ordre au point de vue de la loyauté des transactions, de la salubrité des denrées et de la liberté de la circulation.

La production mondiale habilement diffusée qui supprime les saisons du « calendrier du consommateur », en jetant le désarroi dans nos productions saisonnières, commande la vigilance pour la réputation séculaire de nos produits.

Aussi, pour mieux les faire connaître et apprécier, et sans crainte de déséquilibrer le grand marché de Paris trop souvent congestionné dans son archaïque enveloppe de 1851, se dessine-t-il dans nos centres producteurs un heureux mouvement en faveur de l'approvisionnement direct des grandes villes de France, qui viendra ajouter aux bienfaits de nos exportations, jouant le rôle de soupape de sûreté sur le marché français.

Et cette évolution, tout en faveur de l'extension de notre production horticole et de son écoulement, ne saurait ainsi réduire les imposantes transactions des Halles centrales de Paris.

G. F. Charmeux

L'ART FLORAL

par Louis SAUVAGE
Président honoraire de la Chambre
syndicale des fleuristes en boutique de Paris et de sa banlieue,
Directeur-rédacteur en chef de *l'Horticulture française* et du *Fleuriste de Paris*.

LOUIS SAUVAGE.

Si, quinze ans plus tôt, on m'avait invité, comme on me le demande aujourd'hui, à dire ce que je pensais de l'Art floral parisien, de la vogue dont il jouissait, etc..., j'aurais été assez embarrassé, car il m'eût été difficile de trouver les termes qu'il eût fallu, pour exprimer l'extrême admiration que ses progrès me faisaient éprouver et peindre les douces émotions que me valaient ses manifestations.

Les fleurs triomphaient partout. Tandis que les fleuristes s'évertuaient à se montrer plus artistes les uns que les autres, et que dans leurs vitrines, ils se dépensaient, en efforts talentueux pour se disputer les faveurs du public, celui-ci les encourageait de son mieux dans cette émulation.

Dans les plus hautes classes de la société et dans le monde fortuné, les dîners d'apparat et les réceptions fastueuses se succédaient sans trêve, offrant à l'Art floral autant d'occasions de s'affirmer et de rivaliser.

Des salons, l'Art floral déborda au dehors. On organisa des Fêtes de fleurs qui firent courir le Tout Paris. Par la part active qu'il prit aux grandes Expositions horticoles étrangères, l'Art floral français contribua énormément à le faire apprécier et goûter au delà de nos frontières.

*
* *

Mais la guerre, la terrible guerre survint et tout changea. Les fêtes furent supprimées. Le commerce des fleurs en ressentit immédiatement la fatale répercussion. Quatre-vingt-dix pour cent des magasins de fleuristes fermèrent.

Timidement, au lendemain de la miraculeuse victoire de la Marne, les magasins des fleuristes commencèrent à rouvrir. Par la suite, des besoins de fleurs se manifestèrent chaque jour d'autant plus pressants qu'hélas! les tombes des héros, de plus en plus nombreuses, jonchaient la plaine et qu'un pieux devoir sollicitait leur ornementation.

Dans le même temps, Paris que la mobilisation et l'exode de nombreux habitants avaient rendu désert, se repeuplait. Les officiers des armées alliées dont un grand nombre étaient accompagnés de leurs familles remplaçaient dans nos rues et sur nos boulevards nos compatriotes absents.

Pour répondre aux besoins de ces clients nouveaux, les fleuristes reprirent leurs affaires, et dès décembre, en perspective des fêtes du Christmas et du Jour de l'An, ils s'étaient remis à la disposition des acheteurs. Seulement ceux-ci n'étaient plus les mêmes. Un proverbe français dit : « Autres temps, autres mœurs ». Le parodiant, on pourrait écrire : « Autres clients, autres goûts », et ce serait tout aussi vrai.

Tout naturellement les étrangers imposèrent leurs préférences. Parmi eux, les Américains commencèrent par donner l'exemple, et devinrent vite d'importants clients.

Les Américains sont de grands amateurs de fleurs. A part celles qu'ils emploient pour leur satisfaction personnelle : ornementation du *home*, décoration de leurs tables, etc.., ils en font un usage particulier dont nous devrions bien nous inspirer. Par les fleurs ils expriment les sentiments les plus délicats : leur affection, leur admiration, leur respect, leur reconnaissance, leurs souvenirs et même leurs regrets.

Ils ont une formule de propagande : *Say*

it with flowers ce qui veut dire : *Parlez avec des fleurs*, ou *Exprimez vos sentiments avec des fleurs*, formule qui multipliée à l'infini créa aux États-Unis une mode suivie par toutes les classes de la société. Répandue en Europe, cette mode, ou plutôt cet usage, a donné lieu à la formation d'une Société qui, sous le nom de *Fleurop*, est en passe de grouper tous les fleuristes de notre continent.

Cette Société, comme en Amérique, permet à ses adhérents de transmettre à leurs confrères éloignés d'eux, même de plusieurs milliers de kilomètres, les commandes qu'ils ont reçues pour être délivrées à des clients habitant la ville où ces derniers sont établis.

Aussi pendant la guerre, cette mode se répandit-elle rapidement, à Paris surtout dans l'élément étranger qui y avait élu domicile. Les Parisiens, pour être les derniers à l'adopter, ne furent pas les moins empressés à en faire usage. Dès lors, de 1915 à 1919 les fleuristes de Paris ne connurent, pour ainsi dire, que des *Envois de Fleurs* à livrer ou à expédier.

Ces envois furent généralement composés de fleurs coupées de premier choix ; de préférence de Roses, d'Œillets, d'Orchidées, de Violettes de Parme, etc., etc... Ces compositions, sans ressortir, réellement, à l'Art floral, exigeaient néanmoins beaucoup de goût, un certain tour de main dans la disposition des fleurs dans le carton de luxe destiné à les recevoir, en même temps qu'une grande compétence dans le choix judicieux de celles qu'il convenait d'envoyer : toutes choses qui ne s'acquièrent que par une longue pratique du métier.

Pour que le ou plutôt *la* destinataire fût flattée de les recevoir, il importait que les fleurs fussent, dans ce carton, mises en valeur, isolées les unes des autres pour ne point se meurtrir entre elles, et voilées de la gaze légère d'*Asparagus plumosus* qui en faisait ressortir l'éclat, tout en facilitant leur isolement.

La maîtresse de maison qui recevait ces envois, en était d'abord enchantée par ce qu'ils lui procuraient le plaisir de disposer, elle-même, à son gré, dans les vases ou récipients qu'il lui plaisait de choisir, les fleurs qu'elle recevait ainsi.

Mais si ce bénévole métier de fleuriste occasionnel, offre des émotions artistiques qui ont bien leur valeur, en revanche il ne s'exerce pas sans ennuis et sans inconvénients.

Les soins à donner aux fleurs coupées, exigent, en dehors du rafraîchissement de la coupe des tiges pour en faciliter l'imbibition, de l'épluchage, des changements d'eau, des seringages qui laissent sur le sol un épandage dans lequel on patauge. Aussi ne peut-on procéder à ces opérations que dans un local approprié, nonobstant le désagrément que l'on éprouve à prendre d'intempestifs et désagréables bains de pieds et à se plonger constamment les mains dans une eau parfois glacée.

Les fleuristes de métier supportent ces vicissitudes sans se plaindre — c'est leur métier — mais les dames du grand monde s'en lassent vite.

C'est pourquoi et c'est ainsi que dès le lendemain de l'Armistice la mode des *Envois de fleurs* subit une régression ; mais, en revanche, heureuse compensation, cette régression s'opérait en faveur du retour à la mode des compositions florales artistiques d'autrefois, en même temps que les Parisiens réintégraient leur ville, tandis que beaucoup d'Étrangers y résident encore.

D'où cet avantage : une grosse plus-value de recettes dont le commerce floral parisien profite ; plus-value qui se manifeste de mois en mois et qui ne tient pas seulement au prix élevé des fleurs achetées par les détaillants, prix élevé justifié par le coût actuel de toutes choses et par les charges fiscales qui pèsent sur l'industrie et sur le commerce, mais à la prospérité constante du commerce lui-même, à une vente plus intense, résultant de nouveaux emplois des fleurs s'ajoutant à ceux d'avant guerre.

Cette prospérité ne peut que s'accroître, si les horticulteurs et les fleuristes s'ingénient à satisfaire de plus en plus au goût des acheteurs, lequel se définit ainsi :

Toujours des fleurs plus belles, des fleurs plus rares, présentées sous les formes les plus artistiques et les plus variées.

Saurage

LES CULTURES FLORALES DU MIDI

par C. DURIEZ

Ingénieur horticole,

Directeur de l'École d'Horticulture d'Hyères (Var).

C. DURIEZ.

La partie du littoral méditerranéen, communément désignée sous le nom de « Côte d'Azur » est bien la région où les cultures florales ont pris le plus grand développement, considérées au point de vue du commerce de la fleur coupée.

Presque inconnues il y a un siècle, de peu d'importance il y a seulement 50 ans, elles vont maintenant s'intensifiant sans cesse.

Une véritable industrie horticole s'est créée, pour toutes ces espèces florales soumises à des méthodes culturales propres à chacune d'elles, en vue du maximum de rapport en quantité et qualité.

Il existe de Toulon à Menton une zone culturale où des surfaces considérables de cultures horticoles se répartissent pour la plupart en parcelles minimes, mais allant parfois à 5 et 10 hectares.

Des capitaux énormes sont engagés pour le matériel : abris en bruyère, claies, paillassons, serres démontables, coffres et châssis. Des soins assidus sont nécessaires pour lutter contre le mistral, l'excès de chaleur, le froid parfois ; des tours de main spéciaux sont exigés, car tout est fait à contre-saison.

Une étude aussi limitée interdit la description de tous les procédés culturaux, de même que l'historique complet des essences florales. Quelques chiffres pourront donner une idée de l'importance actuelle de ces cultures : pour le Mimosa seulement, le centre, Cannes, Mandelieu, Golfe Juan, expédie annuellement 2.000 tonnes, soit 400.000 colis de 5 kilogs. Certaines années ont dépassé 3.500 tonnes.

Le territoire d'Antibes possède à lui seul 300.000 mètres carrés de châssis, d'un prix moyen de 30 francs le mètre carré.

Un établissement spécialisé dans la production du Mimosa occupe 40 ouvriers pour la récolte, le forçage, l'emballage.

Un autre, outre des plantes florales diverses, cultive 650.000 Rosiers dont chaque pied, à la production, revient à 5 francs. La production totale atteint un chiffre colossal, car Ollioules, Hyères, Cannes, Antibes, Golfe Juan, Nice, Mandelieu, Menton sont autant de grands centres d'où part chaque jour, durant l'hiver, un peu du soleil de la Côte d'Azur, transformé en corolles épanouies.

Pour arriver à de tels résultats les procédés scientifiques entrent de plus en plus en jeu, un outillage modernisé est nécessaire : l'emploi intensif des engrais s'impose ; la sélection rigoureuse d'espèces et de variétés bien adaptées à ce climat spécial ne doit pas être négligée.

Un rapide résumé des principales cultures est tout ce qu'il est possible de faire ici.

Acacia ou *Mimosa*. — Les espèces cultivées sont nombreuses, mais pour la fleur coupée ce sont l'*A. dealbata* et l'*A. floribunda* qui sont les plus prisés et surtout les hybrides très florifères créés chaque année, tels que *Baileyana*, *Bon Accueil*, *Hanburyana*, *podalyriæfolia*, *le Rêve*, *le Gaulois*, *Rustica*, etc.

D'autres espèces donnent de belles fleurs ; mais soit floraison trop tardive ou indifférence, on les cultive peu. De ce nombre sont les Mimosas : *albicans*, *armata*, *aspera*, *cultriformis*, *cyanophylla*, *imbricata*, *linearis*, *linifolia*, etc.

Le forçage du Mimosa, en rameaux coupés, se fait de plus en plus en employant la vapeur d'eau, dans des installations spéciales.

Les plantations sont de 400 pieds à l'hectare et chaque arbre est taillé annuellement. La récolte est en moyenne de 5 paniers par sujet.

Nombreux sont maintenant les Mimosas greffés sur *floribunda* pour lutter contre l'excès de calcaire dans le sol ou propager les hybrides. Les Mimosas se cultivent sur toute la côte.

Anémone. — C'est l'*A. de Caen* que l'on cultive le plus, surtout les variétés à fleurs simples, plus recherchées que les doubles. Cette fleur se répand de plus en plus.

Anthémis. — (*Chrysanthemum frutescens*). C'est ici une plante arbustive buissonnante, prenant de grandes dimensions. Les fleurs se conservent fraîches longtemps. Les variétés *Étoile d'or*, *Rêve d'or*, à fleurs jaunes et *Comtesse de Chambord*, à fleur blanche sont les plus demandées. On cultive l'Anthémis sur tout le littoral.

Freesia. — *F. refracta alba* et *R. odorata.* tiennent une large place pour leurs fleurs, supportant bien le voyage et exhalant un parfum suave. On les rencontre partout.

Giroflée. — C'est l'une des plantes à floraison hivernale les plus estimées dans le midi. La Giroflée dite « de Nice », à grande fleur, s'expédie beaucoup. Les coloris en sont nombreux et la cueillette dure tout l'hiver.

Glaïeuls. — L'on recherche les variétés du *Glaïeul hybride de Gand.*

C'est une production limitée encore, mais qui prendra de l'extension.

Œillet. — Une des principales cultures florales, surtout faite à Ollioules, Antibes, Cannes, Nice, mais ayant tendance à s'étendre à Hyères. L'Œillet remontant, dit *O. de Nice*, est le plus recherché. Ses variétés sont nombreuses ; mais ce sont les tons rose vif et rose chair que l'on exige le plus. L'on donne actuellement la préférence à : *Madeleine rose*, *Madeleine rouge*, *Blanche Pellepot*, *Caprice*, *Aurore*, *Fanny*, *Virginie*, *Victoire*, *Fortune*, etc.

La culture se fait en serres et en plein air sous simple abri de paillassons supportés par des lattes.

Bouturage du 15 octobre à décembre. Plantation du 15 mars au 15 juin. Des pincements successifs jusque fin juillet font touffer la plante. Le tuteurage se fait avec des baguettes reliées par des fils de coton. C'est une récolte qui dure tout l'hiver.

Renoncule. — La *R. des fleuristes* est recherchée, les coloris en sont nombreux. Plantation en août pour récolter de décembre à avril. La production a diminué, mais on la rencontre un peu partout.

Rosier. — Culture presque aussi importante que celle de l'Œillet et du Mimosa. La production va croissant. Les variétés cultivées appartiennent aux : thé, hybrides de thé, Bourbon, Hybrides remontants, Noisette.

Les anciennes variétés *Safrano*, *La Malmaison*, *La France*, *Papa Gonthier*, *Paul Nabonnand*, *Captain Christy*, ont cédé la place à *Ulrich Brunner*, *Reine des Neiges*, *Souvenir de Claudius Pernet*, *Abel Chatenay*, *Ophelia*, *Laurent Carle*, *Hadley*.

Greffage en écusson à œil poussant, vers le 15 mai, sur *Indica major*, bouturé vers le 15 juillet.

C'est une culture intensive, puisque l'on expédie des Roses du 15 octobre au 20 mai, en combinant les saisons de plein air avec celles sous verre.

Violette. — Production spéciale à la région Hyéroise avec la variété dite *Violette de Hyères*, hâtive et très parfumée. La production a beaucoup diminué, surtout par manque de main-d'œuvre, car la récolte est longue et les femmes capables de bien faire les bouquets sont rares. Néanmoins c'est une culture de rapport quand elle est bien menée.

D'autres espèces florales, notamment les bulbeuses, comme certains Iris, la Jacinthe, la Tulipe, l'Ixia, les Narcisses, sont faites pour la fleur coupée, surtout à Ollioules et à Hyères. Certaines maisons même ne visent que la production des bulbes.

Le Réséda, le Souci, donnent lieu à un certain commerce peu développé également.

Enfin dans les garrigues de Solliès-Pont, Ollioules, et en quelques autres endroits du Var, la culture de l'Immortelle jaune (*Helichrysum orientale*), dont on teint les fleurs,

Culture d'Œillets sur la Côte d'Azur.

est assez étendue. Ces fleurs se récoltent en juin avant leur complet épanouissement. Cultivée depuis 1815.

Un Eucalyptus (*E. robustus*) est exploité à Hyères pour sa fleur. Les rameaux fleuris sont très décoratifs même par leur feuillage.

Cette rapide énumération se suffit à elle-même et montre la magnifique production florale de cette incomparable région.

Durin

LES ENGRAIS ET LES INSECTICIDES

Par H. ROUTIER

Pharmacien de 1re classe,
Directeur scientifique du Comptoir parisien d'Engrais et de Produits chimiques.

H. ROUTIER.

Après les diverses théories émises sur les engrais, attribuant leur influence, tantôt à la matière organique seule, tantôt à l'élément chimique seul, on a fait la part de chacun en suivant les principes de la restitution et de la dominante des plantes.

Parallèlement à l'action des engrais, on a déterminé le rôle des infiniment petits qui, s'ils se trouvent dans des conditions favorables, modifient les composés organiques et même minéraux, pour les amener à un état directement assimilable par les plantes.

La théorie de Boussingault (1852) et celle de Berthelot (1885), sur la fixation de l'azote atmosphérique, ont eu d'heureuses applications et c'est de cet air atmosphérique que l'on tire actuellement une partie importante de l'azote destiné à la nourriture des plantes, soit directement par des bactéries spécifiques, soit sous forme d'engrais synthétiques.

A un autre point de vue, le chaulage délaissé pendant la guerre est de nouveau pratiqué, mais à dosages fractionnés, pour corriger l'acidité, l'une des principales causes de la paresse du sol.

Cette paresse, également attribuée à la présence de toxines résultant des cultures réitérées, a conduit à la désinfection partielle du sol par la chaleur ou par les produits chimiques.

Enfin, le principe des engrais complets et à forts dosages est à peu près généralement admis et on s'efforce d'accroître leur efficacité par l'adjonction de produits agissant à faible dose, tels que les auximones, les radioactifs et surtout les catalytiques.

Il reste beaucoup à faire dans cet ordre d'idées, ce sera l'œuvre des années à venir.

*
* *

Les insectes sont l'objet d'études intéressantes. Les formules un peu empiriques ont fait place à des préparations raisonnées et bien dosées.

L'insecticide idéal est la nicotine, qui, jadis parcimonieusement distribuée par l'État, est devenue un article courant grâce à l'initiative privée; à côté de la nicotine voisinent les préparations de pyrèthre, le formol, les émulsions d'hydrocarbures, les dérivés du goudron, le sulfure et le tétrachlorure de carbone, le chloryl, les polysulfures, le cyanure de calcium et les sels arsénicaux. Ces derniers produits, couramment employés en Amérique, n'ont pu prendre d'extension en France que depuis quelques années, par suite d'une réglementation trop sévère.

L'étude approfondie des mœurs des parasites a permis un emploi plus judicieux des produits insecticides et leur meilleure répartition. On peut dès maintenant les atteindre, partout où ils se trouvent, par les liquides s'ils sont superficiels, par des produits gazeux s'ils voltigent dans les serres, s'enfoncent dans la terre ou se mettent à l'abri sous les feuilles ou dans les secrétions cireuses qui leur servent de boucliers.

Enfin on a trouvé des auxiliaires précieux dans les entomophages et dans les champignons parasites, qui pourraient bien dans un avenir prochain modifier profondément la technique de la lutte contre les ennemis des cultures.

Parmi les fongicides : Le soufre et ses dérivés et les sels de cuivre sont toujours à la base des produits anticryptogamiques; mais on a cherché à combiner des formules permettant de combattre à la fois les parasites animaux et les cryptogames.

Pour que ces produits manifestent toute leur efficacité, ils doivent être d'une adhérence parfaite : ce résultat est acquis au moyen des adhésifs divers et des colloïdes. Ils doivent être aussi employés préventivement : C'est pourquoi les Pouvoirs publics et les Syndicats ont institué des systèmes avertisseurs éminemment utiles.

Les organisations de ce genre tendent à se multiplier sous les auspices de la Ligue nationale de lutte contre les ennemis des cultures. Grâce à cette ligue, les efforts, au lieu de se disperser, sont coordonnés pour collaborer tous au succès final.

H. Poutier

LE MATÉRIEL HORTICOLE

Par Max RINGELMANN

Membre de l'Académie d'Agriculture, Professeur de Génie rural
à l'Institut national agronomique et à l'Institut national d'Agronomie coloniale,
Directeur de la Station d'Essais de Machines.

MAX RINGELMANN.

C'EST surtout depuis une quarantaine d'années que des améliorations ont été apportées au *Matériel horticole* et sont acceptées et généralisées, alors qu'auparavant elles ne constituaient qu'un objet de curiosité avec très peu d'applications. Pour s'en convaincre, il n'y a qu'à se reporter aux Expositions de la Société nationale d'Horticulture et à compulser les volumes de la *Revue horticole*.

Chaque fois qu'on modifie une culture, ou une des opérations de cette culture, il faut recourir à une modification ou à la création d'un matériel répondant aux nouveaux besoins.

L'Horticulture consiste surtout en une série de travaux manuels; grâce à eux, on obtient d'importantes récoltes par unité de surface, mais malgré les frais élevés, leur prix de vente permet d'en retirer un profit.

Au fur et à mesure que la *main-d'œuvre horticole* devient plus exigeante, parce que plus réduite, et que le *terrain* près des agglomérations acquiert une plus grande valeur, l'Horticulture, tout en réalisant le profit indispensable à n'importe quelle branche de l'activité humaine, doit répondre à de nouvelles conditions, malgré l'augmentation du capital investi dans son exploitation, les frais de transport de ses récoltes, le prix croissant de sa main-d'œuvre salariée, qu'on est conduit à réduire par l'emploi de matériel appliqué alors sur une plus grande étendue.

C'est ainsi qu'à côté des perfectionnements apportés aux *outils manuels*, réalisés surtout par l'emploi des nouveaux métaux, fournissant des pièces travaillantes bien plus résistantes et moins lourdes que les anciennes on remplace le *labour à la bêche et à la houe*, ou tout au moins une partie de ces labours, par ceux réalisés avec une petite *charrue* tirée par un âne ou un cheval. On utilise de même de légers modèles déplacés par un homme agissant en traction sur une bricole. Enfin, de petits *tracteurs*, avec moteur à explosions, seront employés dans les cultures d'une certaine étendue.

Le type *brabant-double*, permettant les labours à plat, plus faciles à exécuter que ceux en planches, se répandra de plus en plus. Il en est de même des *cultivateurs à dents flexibles* et des *pulvériseurs* de dimensions plus réduites que ceux de grande culture qui feront certainement leur apparition dans les exploitations horticoles, en facilitant économiquement certaines opérations remplaçant les labours.

Les *semoirs* à brouette, en lignes ou en poquets, ne peuvent que se multiplier.

Les *machines à repiquer* les plants semblent réservées aux étendues importantes consacrées à certaines plantes potagères, et des modèles récents sont déjà d'un emploi économique lorsqu'on les applique sur 3 à 5 hectares.

Les *binages* des interlignes s'effectuent dans d'excellentes conditions avec des petites machines du genre « rétro-force ».

La lutte contre les cryptogames et les insectes, qui envahissent les plantes en plein air, comme dans les serres, ainsi que les arbres fruitiers et d'ornement est réalisée avec les *poudreuses* et les *pulvérisateurs*.

Il est probable qu'on s'occupera des appareils propres à préserver les cultures des *gelées* printanières.

Les transports, si onéreux à l'intérieur de l'exploitation horticole, nécessiteront des améliorations à apporter aux *brouettes* actuelles.

Les *travaux de récolte* restent une opération manuelle, comme leur habillage, leur préparation en vue de la vente, car il faut éviter de blesser ou de détériorer la marchandise.

Pour les parcs et jardins, les *tondeuses de gazon*, tirées par un attelage ou déplacées par un petit moteur ne peuvent que se développer.

L'*arrosage des cultures* reste un gros problème. On a déjà remplacé par la lance l'arrosoir transporté par les hommes dans le jardin, mais cela oblige d'avoir l'eau sous une certaine charge ou pression avec un réservoir surélevé alimenté par une *pompe* à manège ou mieux à moteur, à pétrole ou électrique. Les maraîchers de la région parisienne emploient des installations, assez coûteuses, de systèmes se déplaçant automatiquement pour arroser, par aspersion, de grandes étendues circulaires ou rectangulaires.

Les *serres* de divers types sont déjà très perfectionnées et l'on possède des modèles spéciaux bien adaptés à certaines cultures (Orchidées, etc.). Le problème réside surtout dans l'*appareil de chauffage* qui ne cessera de se perfectionner au double point de vue de l'économie de combustible et de la sécurité de fonctionnement en marche continue, afin de ne pas compromettre par un arrêt, souvent de quelques heures, les résultats des efforts opiniâtres des Horticulteurs.

Ringelmann

LES PLANTES EN VEDETTE EN 1929

LA ROSE

par **COCHET-COCHET**

Vice-Président de la Société nationale d'Horticulture,
Horticulteur-Rosiériste.

Charles Cochet.

La Rose fait partie intégrante de notre civilisation. C'est la fleur d'origine divine dont Aphrodite parfume le corps d'Hector, 1200 ans avant Jésus-Christ et qui protège, plus tard, les habitants de la Rome antique, non seulement du berceau à la mort, mais encore et surtout, jusque dans l'éternité. C'est la fleur sans rivale des poètes persans et arabes, la Rose de Saadi inséparable de ses immortelles amours avec le Rossignol.

C'est la fleur symbolique et quelque peu mystique des premiers chrétiens restée, à nos yeux, l'emblème le plus pur de l'innocence, de la grâce et de la beauté.

C'est la *Rosa inter flores* des peuples civilisés; pour nous, Français, *c'est notre fleur nationale.*

Et le Rosier se prête à tous les désirs de ses admirateurs; il revêt toutes les formes, sa fleur tous les coloris.

Voilà pourquoi la Rose, dont Anacréon chanta la première naissance, est plus que jamais en vedette, en 1929.

∴

Mais, pour rester aux yeux de tous la « Reine des fleurs » incontestée, la Rose, comme tous les végétaux cultivés, a dû, constamment, se plier aux caprices de la mode et modifier sans cesse son faciès général, sa forme et son coloris. C'est ainsi que 10.000 variétés sont nées, depuis la création de ce journal, les nouvelles venues détrônant celles qui les ont précédées.

Plusieurs races ont été successivement créées.

Celle des *Hybrides remontants*, quelque peu délaissée depuis plusieurs années, malgré ses mérites incontestables, compte encore cependant de nombreuses variétés recherchées par les amateurs : *Paul Neyron, Ulrich Brunner, Captain Christy, Eclair, Eugène*

Fürst, Reine des neiges, Fortuné Besson, Captain Hayward, Eugène Barbier, sont de ce nombre.

Les *Thé*, les *Noisette*, les *Ile-Bourbon* ont vu, également, leur brillante étoile pâlir. Cependant, parmi les premiers, *Gloire de Dijon, Reine Marie-Henriette, Maréchal Niel, Mlle Marie Van Houtte, Maman Cochet, Mme Jules Gravereaux, Marie d'Orléans, Lady Hillingdon*; chez les *Noisette, Mme Alfred Carrière, Aimé Vibert, Rêve d'Or, Duarte de Oliveira, William Allen Richardson*; enfin, dans les *Ile-Bourbon, Souvenir de la Malmaison, Philémon Cochet, Hermosa, Mme Pierre Oger*, sont toujours demandés.

Les Hybrides de thé, sont encore les grands favoris des amateurs, citons : *La France, Mme Caroline Testout, La Tosca, Gorgeous, Mme Abel Chatenay, Laurent Carle, Me Léon Pain, Prince de Bulgarie, Sunburst, Étoile de France, Étoile de Hollande, Hadley, Ophélia, Mrs Edward Powel, Mme Butterfly, Jonkheer J. L. Mock, Mme Jules Bouché, Dean Hole, Columbia, Mme Segond Weber, Mrs Henry Morse, Padre, Primerose, S^ir^ de Claudius Denoyel, Margaret Dickson-Hamill.*

Mais, c'est surtout la race des *Pernetiana*, due au pinceau de Pernet-Ducher, qui est actuellement en vogue, grâce à ses coloris nouveaux. C'est elle la plus exploitée par les semeurs de Roses qui s'efforcent d'obtenir, avec plus de rusticité, des coloris si possible plus jolis encore que ceux existant déjà.

Voici quelques-unes des variétés en vedette : *Soleil d'or, Lyon-Rose, Mme Édouard Herriot, Beauté de Lyon, Willowmère, S^ir^ de Claudius Pernet, Juliet, Reims, Golden Emblem, S^ir^ de Georges Pernet, Los Angeles, Independance Day, Marie Adelaïde, Julien Potin, Mrs Beckwith, Ville de Paris, Chaméléon, Louise Catherine Breslau, The Queen Alexandra Rose, Constance Casson, Arthur R. Goodwin, Étoile de feu, Cardinal Piffl.*

Les gracieux petits *polyantha nains remontants*, toujours fleuris, sont très employés pour la décoration estivale des jardins, à l'instar des géraniums, tels sont : *Orléans Rose, Éblouissant, Jeanne d'Arc, Georges Elger, Joseph Guy, Yvonne Rabier, Maman Turbat, Edith Cavell, La Marne, Mme Norbert Levavasseur, Verdun.*

Quelques variétés à grande végétation du R. Rugosa, tels que *Blanc double de Coubert, S^ir^ de Philémon Cochet, Roseraie de L'Haÿ, Madeleine Fillot, Fimbriata*, forment de beaux groupes isolés, dans les grandes propriétés.

Les Rosiers sarmenteux jouissent, au plus haut point, de la faveur méritée du public; ils sont, aujourd'hui, dans toutes les propriétés, au seuil de la chaumière, comme dans les jardins princiers. Les Remontants : *Gloire de Dijon, Mme Alfred Carrière, Reine Marie Henriette, Rêve d'or, Zéphirine Drouhin, Maréchal Niel, Aimé Vibert, Lady Waterlow, Souvenir de Claudius Denoyel, Vicomtesse Pierre du Fou, Birdie Blye* sont toujours appréciés à leur juste valeur ; mais, les splendides variétés non remontantes issues du Rosier multiflore et surtout du *Rosa Wichuraiana*, les concurrencent durement.

Les tonnelles, les pergolas, les pylônes, les vieux murs sont, partout, puissamment décorés par *Crimson Rambler, Tausendschœn, Paul's Scarlet Climber, Albéric Barbier, Albertine, Dorothy Perkins, Excelsa, Léontine Gervais, American Pillar, Alexandre Girault, Aviateur Blériot, Hiawatha, Paul Noël*, ainsi que par les vieux sempervirens *Mutabilis* et *Félicité Perpétue.*

Toutes ces superbes Roses n'empêchent pas les vrais amateurs de cultiver encore les vieilles Roses de nos ancêtres, telle la *Rose à Cent feuilles*, décrite par Théophraste et venue jusqu'à nous.

Ph. Cochet

LE CHRYSANTHÈME

par J. LOCHOT
Ingénieur horticole,
Semeur-Chrysanthémiste.

J. LOCHOT.

Le Chrysanthème est un des grands favoris de la mode actuelle et malgré que la place nous soit très mesurée, il importe de dégager les causes qui ont contribué à son perfectionnement et à sa beauté croissante.

Les origines de cette évolution remontent, selon nous, à deux causes primordiales, qui se sont complétées l'une et l'autre. Ç'a été d'une part : l'ouverture des expositions, qui ont créé une belle émulation parmi les cultivateurs et dont la première à Paris, remonte à l'année 1883, date qu'il importe de fixer. Le complément naturel de cette émulation, a été le perfectionnement des cultures ; il s'est poursuivi sans relâche, en restant lié à deux stades, qui sont : la pratique même de l'éducation des plantes et la création de variétés nouvelles, toujours plus méritantes à des titres divers.

Un grand nom a dominé toute la fin du siècle dernier et tout le début du xxe siècle : c'est *Calvat,* qui fut non seulement un grand semeur, mais un aussi bon cultivateur. Avec le recul du temps, il est facile de se rendre compte, que cet éminent chrysanthémiste a été un des meilleurs pionniers de la vogue dont jouit actuellement le Chrysanthème.

La période d'avant guerre, voyait déjà l'acheminement vers la très grande fleur, qui était cependant encore dominée, à cette époque, par les beaux spécimens, les standards, les pyramides et autres exemplaires de belles cultures.

La crise de la guerre ne fut qu'apparente pour celui qui était devenu le Roi de l'automne ; c'est même cette époque qui a marqué, pour la Capitale, la demande, par une clientèle étrangère, de capitules jamais assez beaux. Dans cet ordre des choses, la culture uniflore avait permis tous les espoirs, et ils se sont réalisés.

Depuis, les fleuristes, et la mode dont ils sont les agents, sollicitent du beau, du très beau, par la grosseur, la forme et le coloris, trois facteurs qui sont inséparables pour approcher du parfait. — Quand notre époque s'estompera dans le passé, il restera dans le souvenir et la vision des jeunes qui seront encore présents, les noms des vedettes admirées aux vitrines du début de ce siècle. Ce seront : *Mrs R. C. Pulling,* jaune incomparable ; *Mrs Gilbert Drabble,* blanc unique, qui nous quitte et n'est pas encore remplacé ; *Ami Paul Labbé,* rouge terre cuite et paille ; *Miss Edith Cavell,* jaune bronzé ; tous quatre ayant plus de vingt années d'existence. Parmi les plus récents, *Ville de Paris,* rouge et or, considéré d'une beauté unique dans les ors ; *Mme Ch. Souchet,* blanc nuancé mauve ; *Deuil de Paul Labbé,* grenat pourpré ; *Apaulo,* rose vif lilacé ; *Majestic,* jaune ambré ; *Chrysanthémiste Lochot,* rose lilacé, dont l'apparition fit sensation, par ses dimensions non encore atteintes, sa tenue parfaite et la végétation irréprochable de la plante.

Si nous n'étions très limité, vingt autres variétés devraient trouver place ici. — Pour les générations futures, les ouvrages de l'époque en consacreront le souvenir.

Du fait des suites de la guerre, la mémoire des morts est devenue un véritable culte et plus que jamais, chaque automne, nos nécropoles deviennent de véritables parterres de Chrysanthèmes, où la très grande fleur coudoie la fleur moyenne et les plantes en pots de toutes catégories. — Les variétés les plus recherchées à cette époque sont : *W. Turner*, pour les régions méridionales ; *Brillant*, *Blanche Poitevine,* le plus cultivé ; *Alice Baubean*, *Reine des Marchés*, *Madeleine Morin,* *Tapis violet,* et bien d'autres.

Aux parterres, comme garniture automnale, plus en honneur il y a une trentaine d'années qu'aujourd'hui, nous devons noter: *Gerbe d'or*, *Purpurine*, *Rufisque*, *Souvenir de Louis Courbron*, *Tapis violet*, la série des *Baronne de Vinols* et quelques autres.

Les fleurs simples ne doivent pas être oubliées, car si elles nous rappellent le Chrysanthème primitif, les semis et les sélections nous acheminent vers des types extrêmement élégants, où se poursuit la recherche de la légèreté et de la grâce, qui sont loin d'avoir dit leur dernier mot. — Là encore, plus tard, il faudra consulter les brochures de l'époque, desquelles nous détachons, quelques noms qui ont figuré à la dernière exposition : *Golden Parasol*, jaune; *Rosine*, rose; *Brunette*, rose; *Paulette*, cuivrée, etc.

Maintenant, tournons un regard vers l'avenir et ne nous berçons pas d'illusions en semblant admettre que le Chrysanthème est arrivé à son apogée! Une espèce qui peut se transformer si profondément, ne l'est jamais, surtout lorsqu'il s'agit d'une plante de la famille des Composées, dont la variabilité est infinie. — En outre, les variétés nouvelles n'ont, pour la plupart, qu'une durée d'existence très limitée, ce qui oblige à un constant renouvellement; aussi les efforts des semeurs ne doivent pas se ralentir.

On est toujours en droit d'espérer du nouveau dans le développement et la forme des capitules du Chrysanthème. Si nous établissons un terme de comparaison avec le Dahlia, nous constatons que les teintes de ce dernier, sont en général plus vives, encore que certains coloris, tels que les *ors* n'y existent pas. Beaucoup de nos Chrysanthèmes actuels ont des teintes douces atténuées, qui aux yeux de certains les désavantagent. Dans cet acheminement vers l'avenir, nous avons donc encore beaucoup à chercher et à obtenir. Nous ne voyons aucune impossibilité d'arriver à la création de teintes vives et brillantes, qui redonneront un nouvel éclat à l'espèce. C'est une question de fécondations croisées, judicieusement faites et pas du tout impossibles, pour celui qui a su pénétrer toutes les phases du développement d'un capitule de Chrysanthème.

J. Lochot

LE DAHLIA

par Ferdinand CAYEUX

Ingénieur horticole,

Cultivateur-Horticulteur-Marchand-grainier,

Président de la Chambre syndicale des Marchands-Grainiers français.

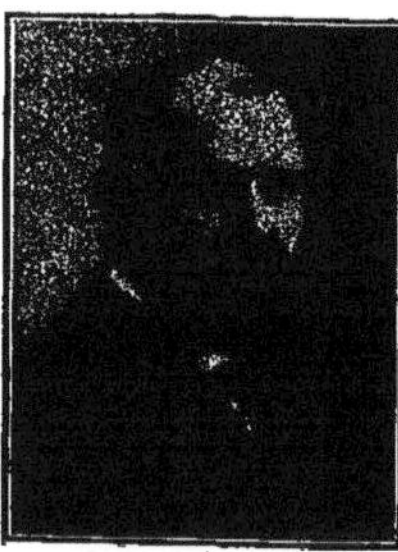

Ferdinand Cayeux.

Par sa débordante vigueur, par son excessive floribondité et par sa très grande facilité de culture, le Dahlia est certainement l'une des plantes les plus remarquables. Ses fleurs légères, élégantes ou opulentes, aux coloris inégalables, sont des merveilles, soit qu'on les contemple sur les sujets, au jardin, soit qu'on les groupe en grandes gerbes décorant les appartements d'une façon magistrale. Toutes les teintes, délicates ou puissantes, isolées ou associées ou encore fondues en un ensemble qu'on ne trouve guère que chez cette merveilleuse Composée, toutes les formes, depuis la fleur simple jusqu'au prodigieux décoratif atteignant des dimensions imposantes ou au Cactus finement et longue-

Chrysanthèmes d'élite

1. Mona Davis ; 2. Mrs R. C. Pulling ; 3. Edith Cavell ; 4. Ville de Paris.

ment ligulé, peuvent être observées dans le Dahlia.

Est-il besoin d'ajouter que cette plante est peut-être, de toutes celles qui ornent nos parterres, la plus robuste, la plus brillante et la plus économique tout à la fois? Depuis juillet-août jusqu'aux gelées, sans soins spéciaux, elle repousse et refleurit, sans s'épuiser, au fur et à mesure de la récolte de ses fleurs incomparables. Et, quand on a admiré aux Expositions ces prestigieuses présentations qui arrêtent tous les visiteurs, on garde un souvenir inoubliable de la splendeur et de la magnificence du Dahlia.

Il est vrai de dire que notre plante favorite a fait, depuis le dernier quart de siècle, des progrès énormes dus aux efforts des semeurs qui, un peu partout, cherchent à obtenir des variétés apportant de nouvelles formes ou de nouvelles couleurs.

Introduit du Mexique vers 1791 en Europe, dédié par l'Abbé Cavanilles, alors Directeur du Jardin Botanique de Madrid, à Dahl, botaniste suédois, le Dahlia fleurit pour la première fois en France, au Jardin des Plantes de Paris, en 1802. Déjà André Thouin, Directeur de notre Établissement national, qui cependant ne connaissait que la forme à fleur simple, affirmait que le nouveau venu serait le plus bel ornement des jardins.

D'abord cultivé en serre chaude (comme nombre d'importations, au début) on le planta peu à peu en pleine terre et l'on s'aperçut qu'il s'accommodait fort bien de ce traitement, à la condition que ses racines tubéreuses soient mises à l'abri des gelées de nos climats.

Vers 1807, le comte Lelieur faisait des semis au Fleuriste du Château impérial de Saint-Cloud, sans toutefois arriver à obtenir la forme à fleur pleine qui ne parut que plus tard et, à partir du moment où la duplicature fut trouvée, des semis s'effectuèrent en telle quantité qu'en 1828 les Frères Jacquin, grainiers à Paris, en cataloguaient plus de 450 variétés! En 1836, la Société royale d'Horticulture de France, organisait une exposition spéciale, fait qui démontre la place déjà occupée dans les cultures par le Dahlia. Aux expositions qui suivirent, et notamment en 1842, on pouvait compter plus de mille variétés, toujours dans le type de la lourde fleur globuleuse dont la vogue devait plus tard diminuer en raison de sa régularité — disons de sa lourdeur et de sa monotonie. Puis apparurent les formes réduites, dites « Lilliput », beaucoup plus utilisables pour les bouquets.

Si on laisse de côté l'introduction en 1860 du *D. imperialis* par Rœzl, espèce qui réclame au moins le climat du midi de la France pour prospérer, on arrive en 1873, date de l'apparition du *D. gracilis* qui est incontestablement la souche des Dahlias simples, très cultivés d'abord en Angleterre et qui étaient en vogue vers 1878 et 1880.

Mais c'est surtout de l'importation ou de la réintroduction d'une curieuse plante, le *D. Juarezi*, envoyée en 1872 du Mexique, à Van den Berg d'Utrecht, que date la transformation capitale du Dahlia. On se mit à semer un peu partout le *D. Juarezi* ou *Étoile du Diable* ou encore D. à fleur de Cactus, nom qui évoque la forme de la fleur du *Cereus speciosissimus* et, peu à peu, on vit apparaître, à partir de 1885, les premières variétés qui firent sensation. La plupart de ces nouveaux gains fleurissaient tardivement, dans le feuillage, et les pédoncules, faibles, laissaient pendre les fleurs qu'on devait en quelque sorte « crucifier » sur des raquettes pour les présenter au public.

On voit, par ce court exposé, le temps qu'il a fallu pour arriver à obtenir et à réunir les merveilleuses variétés que nous possédons aujourd'hui. C'est pas à pas — la nature ne procédant presque jamais par sauts brusques — qu'ont été produites ces plantes aux longues tiges robustes, fermes et solides, portant haut et bien au-dessus du feuillage les fleurs aux formes les plus exquises et les plus inattendues.

Une classification des variétés de Dahlias a été souvent tentée, mais elle doit être remaniée de temps à autre, au fur et à mesure des progrès réalisés. Toutefois, on peut établir aujourd'hui les catégories suivantes :

Dahlias à fleurs doubles comprenant : les Cactus vrais, les Cactus hybrides, les Décoratifs, les doubles à grande fleur, les Lilliput et les D. à fleur d'Anémone;

Dahlias à fleurs semi-doubles dénommés aussi D. à fleur de pivoine ou D. géants ou encore D. Hollandais.

Dahlias à fleurs simples : simples unicolores, panachés, bordés, à couronne, à collerette, à fleur étoilée (Star, Stella ou Digoinais) et les simples très nains dits D. Mignons.

La très jeune section du Dahlia, qui vient de se former au sein de la Société nationale d'Horticulture de France, a mis dans son programme de faire connaître et de diffuser, au moyen de concours spéciaux, les meilleures et les plus récentes obtentions. C'est le cas de rappeler ici le vieil adage « Il n'y a rien de nouveau sous le soleil », puisque déjà, en 1836, nos devanciers organisaient des expositions spéciales de Dahlias, mais, si l'idée n'est pas nouvelle, on peut être assuré que les races et les variétés exhibées seront bien différentes de celles d'autrefois par la richesse des formes, l'ampleur des capitules, la solidité des tiges et la grande diversité des coloris.

Fer. Cayeux.

L'IRIS

par Roger de VILMORIN
Licencié ès sciences.

Roger de Vilmorin.

Il suffit de jeter un coup d'œil sur la classification de ce genre immense et les innombrables divisions qui le composent, pour s'expliquer l'importance prise par l'Iris dans l'Horticulture. Nous ne pouvons, en quelques lignes, parler de tous les types, ni même les énumérer. Beaucoup d'entre eux, *I. d'Espagne, I. d'Angleterre, I. de Suse, I. intermédiaires,* Iris nains, etc., occupent encore une place d'honneur, mais nous nous bornerons à dire quelques mots de ceux qui aujourd'hui semblent accaparer la faveur du public et être les objets principaux des recherches des semeurs : les *Iris des jardins,* les *Iris japonais* et les *Iris de Hollande.*

Les premiers, improprement réunis sous la dénomination générale de *Germanica,* font partie de la grande série des « Pogoniris » ou Iris barbus, connus depuis l'antiquité, mais dont la diversité semble n'avoir été due jusqu'à la fin du siècle précédent qu'aux combinaisons des deux types *pallida* et *variegata.* A partir de 1900, l'introduction d'espèces asiatiques (*Ricardi, Amasia, Cypriana, Trojana*) et les croisements et semis qui suivirent ouvrirent la voie aux obtentions de variétés à grandes fleurs dont *Ambassadeur* et *Magnifica,* de Vilmorin, comptent aujourd'hui encore parmi les plus beaux types. Dès lors, les plantes de valeur se multiplient chaque année, tandis que sont éliminées les variétés qui ne réunissent pas un minimum de qualités.

En premier lieu est exigée la grandeur des fleurs; puis leur nombre, leur disposition sur la hampe, la longueur et la rigidité de celle-ci. Les couleurs, est-il besoin de le souligner, ont un rôle prépondérant; la gamme en est infinie, — Iris n'est-il pas synonyme d'arc-en-ciel? — depuis la pureté presque immaculée jusqu'aux mélanges de tons les plus variés dans lesquels, fait assez rare, le jaune et le bleu se trouvent parfois juxtaposés. Disons encore que l'on cherche actuellement à répandre le caractère « remontant », rare encore et dont *Alliés* est un des meilleurs types.

Les *Iris Kæmpferi* ou *I. du Japon* jouissent, eux aussi, d'une vogue qui leur est bien méritée par leurs grandes fleurs simples ou doubles, d'aspect délicat et souvent étrangement ornementées comme si elles voulaient conserver la marque de fabrique de leur pays d'origine. Des semis sont faits chaque année et des nouveautés intéressantes apparaissent, mais qui toutefois ne sont pas très sensiblement différentes des anciennes variétés japonaises.

Enfin, les *Iris de Hollande* (bulbeux) ont tout récemment acquis une place de premier rang et supplanté largement les Iris d'Espagne. Leur valeur pour la fleur coupée, leur précocité, la façon dont ils se prêtent au forçage, leur jeunesse aussi, permettent de leur prédire le plus glorieux destin.

L'on ne peut pas dire qu'il y ait de règles fixes auxquelles se conforment les semeurs pour l'obtention de leurs nouveautés. Ils ne peuvent que mettre de leur côté le maximum de chances, soit en tentant de réunir sur une même plante par hybridation des caractères d'élite qui se trouvent dispersés sur deux ou plusieurs individus, soit en semant les graines des variétés susceptibles de produire dans leur descendance des types qui leur soient en quelque point supérieurs. Si l'art du chercheur joue un grand rôle, le hasard, du fait de l'état d'hybridité perpétuel du matériel employé, en a un plus important encore.

Quoi qu'il en soit, peu de plantes sont étudiées aujourd'hui avec autant d'ardeur, de persévérance et de succès que le fier et majestueux Iris. Peut-être a-t-il, pour certains de ses caractères, comme la grandeur des fleurs, atteint son apogée. Mais l'Iris est généreux et bien des combinaisons admirables se réaliseront encore en lui ; rien jusqu'ici ne vient freiner son essor et tout indique au contraire qu'il soit destiné à atteindre les frontières mêmes de la perfection.

Roger de Vilmorin

LES BÉGONIAS

par Gaston VALLERAND

Horticulteur,

Secrétaire général de l'Association de Prévoyance et de Secours des Jardiniers de France.

GASTON VALLERAND.

Peu de genres de plantes se sont aussi facilement transformés par les hybridations artificielles, les résultats qu'on en a obtenus depuis un demi-siècle, aussi bien dans les caulescents que dans les rhizomateux ou tubéreux, en ont fait une plante populaire qui joue un grand rôle en raison de ses effets décoratifs merveilleux, de ses fleurs aux teintes vives et brillantes, ou comme dans les *Begonia Rex,* des feuilles aux colorations infinies et chaudes qui rivalisent presque avec les Caladiums du Brésil, dont ils n'ont certes pas la transparence mais sont doués, en échange, de la rusticité qui permet de les employer avantageusement dans les jardins sous des parties ombragées où ils se comportent merveilleusement.

Dans les Bégonias caulescents, il n'y avait guère après 1870 que des variétés peu florifères comme les *B. Weltoniensis, B. Digswilliana,* quelques mauvais *B. ascotiensis,* puis viennent les *B. castanæfolia rosea* et *alba*. Des *B. semperflorens* sortent, d'année en année, des coloris nouveaux dont le Bégonia *Vernon* aux feuilles pourpres, est une révélation ; des grands, des nains, des moyens surgissent. Puis ce sont les *B. gracilis* au port plus gracieux, les variétés s'accroissent à l'infini, trop nombreuses même parce qu'elles déterminent des confusions. Enfin, les types demi *semperflorens,* demi *gracilis,* à très grandes fleurs atteignant 5 centimètres de diamètre, dont les variétés : *Albert Martin, Matador, Verrières,* sont actuellement les plus en vogue.

Mais de tous les Bégonias, c'est le genre

tubéreux qui a produit les plus sensationnelles transformations par suite d'hybridations; elles sont innombrables, on peut dire sans contestation qu'elles ont émerveillé la lignée des professionnels qui ont vécu de 1875 à nos jours. Du croisement des *Begonia boliviensis*, *Pearcei*, *Veitchii*, etc..., sont sorties des merveilles. Les premières furent les Bégonias à fleurs doubles, puis en 1878, les *erecta superba* à fleurs simples, dont les types s'améliorent d'année en année, les diamètres des fleurs qui sur les types primitifs avaient 5 à 6 centimètres, arrivent à 10, 12, 18 centimètres, de formes et de tenue irréprochables.

De coloris fades, sont sortis les plus brillants, puis des nouvelles formes de fleurs constituant des races : *Cristata, Undulata, Picta marmorata;* quand on les a en simples, on les veut en doubles, on y arrive dans l'espace de vingt années.

A l'apogée on revient presque au début avec des plantes minuscules : à cette race multiflore aux fleurs petites mais nombreuses, variétés simples et surtout doubles, cultivées par centaines de milliers actuellement.

Peut-on clore cet article sans parler du rôle retentissant qu'a joué depuis vingt-cinq ans le merveilleux *Gloire de Lorraine,* hybride de *B. socotrana* × *B. Dregei* et de ses sports, qui a été l'une des plus brillantes obtentions connues comme plante de serre, puis des hybrides de *socotrana,* tubéreux, malheureusement de culture encore mal comprise chez nous.

Vallerand

LES POIS DE SENTEUR

par F. BLOT

Associé de la Maison Vilmorin-Andrieux & Cie

F. Blot.

Que deviendra le Pois de senteur dans cent ans, si nous en jugeons par les progrès qu'il a faits depuis l'an 1695, où le R. P. Cupani le découvrit en Sicile?

Ce n'était alors qu'une petite plante grimpante bien modeste, le P. Cupani lui donna le nom rébarbatif de *Lathyrus distoplatyphyllos hirsutis mollis, magno et peramoeno flore odoro* et il ajouta qu'à l'état sauvage, la plante atteignait 1 mètre de hauteur, se servant des herbes et arbustes comme tuteurs, que ses fleurs étaient très petites et de couleur pourpre grisâtre avec une teinte rouge.

Les premières graines furent envoyées en 1699 au Dr Uvedale d'Enfield et à Caspar Commelin d'Amsterdam; ce fut le point de départ. Burman, en 1737, publia son « Thesaurus Zeylanicus » dans lequel il mentionne le : *Lathyrus zeylanicus odorato flore amoeno ex albo et rubro vario* et c'est Linné qui en 1753 emploie, pour la première fois le terme de *Lathyrus odoratus* pour désigner les deux formes de Pois de senteur connues à cette époque.

En 1724, on trouve le Pois de senteur dans un catalogue commercial anglais, celui de Benjamin Townsend, puis dans ceux de Robert Furber, de Kensington, Dirk et Pierre Voorheim, de Haarlem, W. Malcolm. Dans le courant du XVIIIe siècle, on cultive et vend 5 variétés connues sous les noms de : *Purple, Red, White, Black* et *Painted Lady* (bicolore).

En 1837, Carter offre une sixième variété à fleurs striées.

Thomas Laxton réalisa de nombreux gains, mais ce fut surtout Henry Eckford qui de 1870 jusqu'à sa mort (1905), ne cessa d'améliorer la plante qu'il aimait tant; en

Pois de Senteur

Majestic Cream (jaune) ; *Mrs Tom Jones* (bleu) ; *Royal Scot* (rouge) ; *Picture* (rose pâle)

1895. MM. Ferry et Cie, de San-Francisco mettent en vente la première variété de Pois de senteur à floraison hâtive, dit de Noël, *Extra Early Blanche Ferry*.

Mais en 1901 apparaît un nouveau type, à fleur ondulée, dit *Spencer* ou à fleur d'Orchidée, qui petit à petit va remplacer le type *grandiflora* jusqu'alors cultivé. Bien qu'il se soit montré dans plusieurs cultures, le crédit de sa découverte est attribué à M. Silas Cole, jardinier du Comte Spencer, à Althorpkark. Et en 1904, M. Robert Sydenham, lance sur le marché horticole la première variété fixée *Countess Spencer*. Vinrent ensuite *Helen Lewis* et *John Ingmann*.

Depuis, le Pois de senteur a marché à pas de géant. Unwin sélectionna une forme encore plus ondulée, puis des spécialistes cherchèrent la forme duplex, à double étendard.

Aujourd'hui, les Pois de senteur donnent de grandes fleurs magnifiques; les formes sont élégantes, les coloris sont soyeux, riches et vigoureux autant que frais et tendres; l'odeur est suave et douce.

Les fleurs se conservent longtemps coupées et font des garnitures extrêmement décoratives. Toutes ces qualités, jointes à une culture facile font que le Pois de senteur, après la Rose et l'Œillet, est sans doute la fleur la plus populaire.

L'an dernier, dans les cultures de Vilmorin-Andrieux et Cie, à Verrières-le-Buisson, les 12 variétés qui se sont montrées les meilleures, tant au point de vue de la composition d'une collection bien variée, que de toutes les qualités demandées au Pois de senteur, y compris la résistance au soleil, car en France, les coloris brûlent souvent quand viennent les fortes chaleurs, sont les suivantes :

King White, Blanc pur (Malcolm), *Ivory Picture*, chair rosé (Bolton), *Magnet*, rose bégonia (Cullen), *Grenadier*, rouge cardinal (Malcolm), *Doreen*, fuchsine (Morse), *Powerscourt*, violet bleu lobélia (Dickson), *What Joy*, jaune crème (Bolton), *Mary Pickford*, rose neyron (Morse), *Charming*, carmin de cochenille (Stevenson), *Two L. O.*, rouge cardinal intense (King), *Sapphire*, violet bleu (Burpee), *Pax*, violet de violette (Vilmorin).

Je recommandé ces 12 variétés aux amateurs de cette jolie fleur, elles sont toutes si belles, qu'il est impossible de ne pas les aimer.

LE GÉRANIUM

par VIAUD-BRUANT

Horticulteur, Président de la Société botanique de la Vienne.

VIAUD-BRUANT.

Dans ces courts articles sur les plantes vedettes, il convient d'être bref et de se limiter au seul genre intéressant cultivé en grand et aimé du public. Aussi écartons-nous volontairement les Pélargoniums à grandes fleurs pour potées fleuries, les Géraniums à feuillage panaché pour bordure, les Géraniums lierre, etc. pour ne parler que du *Pélargonium zonale* populairement appelé : *le Géranium*.

C'est la plante à massif la plus répandue. Dans le grand chant de lumière et de beauté que le jardin entonne chaque été autour de nous, la strophe la plus éclatante est bien celle du Géranium. La brillante floraison est continuelle et les variétés extrêmement nombreuses : simples, doubles, demi-doubles.

Disons tout de suite que les variétés simples et demi-doubles sont les plus belles et les plus unanimement admirées. Le Géranium à fleur double épanouit difficilement et l'ombelle n'a pas l'ampleur des variétés simples et demi-doubles. Ce sont ces dernières que nous recommandons pour les massifs forticolores si appréciés des amateurs actuels. Car il est bon de dire en cette année de centenaire de la *Revue horticole* que le goût du public a singulièrement changé depuis 1829. Jadis il y avait des collectionneurs de variétés de Géranium, comme il y avait des amateurs passionnés de Tulipes, d'Œillets, de Fuchsias. Aujourd'hui, avec l'accélération de la vie sociale, on n'a plus le temps de collectionner les fleurs. On demande un massif le plus souvent unicolore, blanc, saumon, violet, mais plus généralement rouge éclatant, le rouge étant avec le jaune la trace fulgurante du soleil sur la terre.

Voici un choix unique des plus belles et des plus méritantes variétés, possédant au plus haut degré les qualités exigées pour la formation des massifs : rusticité et résistance aux maladies, végétation compacte, floraison abondante et prolongée jusqu'en fin de saison. Nous les indiquons par couleur séparée :

Coloris Blanc : Lysias, Blancaflour, Bernard Toublanc.

Coloris Rose clair : Paul Zuber, P. Baudoin, de Givry, Asselin, Dagata.

Coloris Rose vif : Rose unique, Paul Vitry, Dufy, Madame Jean Viaud, G. Domergue, Elena Popea, G. Durivault.

Coloris Saumon : G. Lambert, Agnès Sabert, Suzanne Lepère, Madame Saugé, Astoy, René Thomsen, Beauté poitevine, Frères Martel, Taquoy, Jean Lurçat.

Coloris Orange : Maxime Kovalewski, Jaune Poitevin, V. Guillaume, Cardinal de Poitiers, Verdun, Viaud-Bruant, Vive Poitiers, Poitiers-orange.

Coloris Rouge : Vogeler, Albert Laurens, Poitiers-rouge, G. Moreau, Tabarant, Detaille, Poitiers-feu, Double-Poitiers, Emile Mâle, Maître Bruant, Fournaise poitevine, Général Linder.

Coloris Pourpre : Crampel, Nuit poitevine, Y. Delbos, B. Delétang, J. de Pierrefeu, Hort. Sallier.

Coloris Violet : Président de Lassence, Hélène Dufau, Jacqueline Friesz, Jaime Otero, A. H. Thomas, H. Viaud, Archit. Nicolas, Gab. Bourcau, de Novion.

Les variétés ci-dessus sont les plus remarquables à ce jour et pour parler 1929 — car il faut bien que ces petits articles écrits à l'occasion d'un centenaire reflètent notre époque — ce sont les *as* des Géraniums par leur floraison intense, leur race à gros bois Bruant et la grandeur exceptionnelle des ombelles.

Dans la gamme incomparable ci-dessus, deux couleurs manquent : le jaune et le bleu. C'est vers l'obtention de ces coloris que sont orientés nos efforts. Nous espérons y arriver en fécondant les oranges (pour arriver au jaune) et les violets (pour arriver au bleu).

La joie de l'artiste créateur de beauté est comparable à la joie du savant trouveur de vérité. Beauté vaut Vérité.

Nous ne serons pas là pour le deuxième centenaire de la *Revue*, mais nous sommes convaincu qu'en l'an 2029 le Géranium sera encore le roi prestigieux des massifs et que nos arrière-petits-enfants devant les éblouissantes variétés de cette époque s'écrieront comme le poète grec : Vous êtes vaincus mes yeux!

Viaud Bruant

LES ŒILLETS

par L. LHOSTE

Chef de Service à la Maison Vilmorin-Andrieux & Cie

L. Lhoste

Célébrer un Centenaire sans fleurs ne se conçoit guère et la *Revue horticole* ne pouvait être mieux inspirée que de convier à sa fête tous les plus beaux éléments de décoration de nos Jardins. Je la remercie particulièrement de m'avoir favorisé en m'offrant de traiter des Œillets; parler de ce que l'on aime et de ce qui est aimé de tous est une tâche douce et agréable entre toutes.

Les Œillets! Beauté, parfum, élégance, floraison abondante, robustesse, toutes les qualités que l'on puisse demander à une fleur pour faire notre bonheur, les Œillets les possèdent. En fut-il toujours ainsi? Ce n'est pas certain. L'histoire des Œillets et de leur culture est fort ancienne et complexe et nous laisse deviner qu'à travers les siècles, cette plante connut des moments de gloire et des périodes d'abandon. Les milliers de variétés qui sortirent des mains des semeurs et des hybrideurs ne furent peut-être pas toujours la perfection et de nombreuses d'entre elles se virent rapidement délaissées; par contre, certaines résistèrent à tous les assauts de la mode et des caprices du temps et servirent de matériel à l'obtention des incomparables gains modernes. Il est évident que lorsque l'on parle « Œillets », c'est généralement des variétés remontantes à fleurs moyennes et surtout à grandes fleurs dont il s'agit.

Parmi les variétés et races anciennes ou relativement récentes, quelques-unes sont encore largement cultivées, répondant à certains besoins, telles que les « Grenadins », les Œillets des fleuristes, de fantaisie, les Œillets Flamands, les remontants, etc., qui, tous, s'obtiennent de graines. Mais ces Œillets ne suffisent plus toujours aux exigences actuelles. De nos jours, il faut aller vite; il est demandé à l'effort une récompense, une jouissance immédiate ou presque. Même les Œillets remontants à grandes fleurs qui sont, cependant, des plantes de premier mérite mais qui ne se multiplient que de boutures, doivent céder le pas à ces races merveilleuses à tous les points de vue telles que les Œillets Marguerite, doubles perpétuels et surtout *Perpétuels à fleurs géantes* et *Perpétuels géants Enfant de Nice* dont la floraison extraordinairement belle et prolongée se produit environ six mois après le semis. Ces derniers, relevés de la pleine terre et mis en pots, à l'apparition des premiers froids, puis rentrés en serre froide ou tout autre local bien éclairé et aéré, continuent à fleurir pendant tout l'hiver.

Ces Œillets, répandus aujourd'hui à profusion sur tous les marchés de fleurs coupées et des plus recherchés dans l'ornementation des Jardins, occupent un des premiers rangs parmi les fleurs en vogue de notre époque.

L. Chotty

LES CYCLAMENS

Par Maurice BECKER

Horticulteur,

Président de la Fédération des Syndicats horticoles d'Alsace.

MAURICE BECKER.

PARMI les plantes fleuries les plus appréciées comptent indiscutablement les Cyclamens.

Leur culture remonte déjà à bien des années et la comparaison entre le petit Cyclamen sauvage que l'on trouve dans les montagnes et les variétés présentées par les spécialistes prouve l'infatigable effort dédié à la culture de cette plante.

Aussi l'amélioration des Cyclamens se poursuit-elle d'année en année par des sélections sévères.

Certains établissements horticoles en ont fait leur spécialité et les cultivent en très grand nombre.

Les ravissantes nuances des fleurs obtenues s'accordent bien au goût moderne et justifient leur grande vogue parmi tous les amateurs.

Commençons par le blanc pur dont la fleur a la grâce d'un papillon immaculé; puis la gamme complète des roses jusqu'au rouge vif en passant par le saumon et le feu qui sont les nuances préférées entre toutes.

Ensuite les variétés tachetées et les amusants *Rococo* aux pétales dentelés, frisés, recourbés en cloche et si éloignés de la forme classique du Cyclamen que l'on hésite presque à leur donner ce nom.

Signalons enfin la grande fleur mauve rappelant la forme tourmentée et légère de l'Orchidée.

Lorsque l'hiver approche et que les dernières fleurs se fanent dans les jardins, le Cyclamen est prêt à sortir des serres pour égayer les appartements.

Qu'elles sont riantes et fraîches les doubles fenêtres et les vérandahs garnies de ces fleurs multicolores !

Bien soignées, elles dureront de longues semaines. On prétend quelquefois que le chauffage central leur est nuisible. C'est évidemment le cas si la température est trop élevée et trop sèche. Par contre, en maintenant une chaleur moyenne jointe à un arrosage journalier, on arrive à de très beaux résultats de durée et de développement.

La lumière aussi est indispensable et il faut prendre soin de choisir à la plante une place bien exposée tout en évitant des courants d'air froids. En observant ces soins d'une façon constante, beaucoup d'amateurs arrivent à garder leurs plantes pendant tout l'hiver, tout aussi bien que si elles n'avaient pas quitté les serres.

Aussi chaque année la demande en Cyclamens se fait plus importante et l'effort du producteur plus puissant et plus perfectionné.

Cette faveur grandissante du public est d'ailleurs pour lui la plus belle récompense jointe à la satisfaction d'avoir enrichi le domaine de la beauté dans une de ses expressions les plus parfaites :

La fleur, sourire de la nature, symbole de vie et de gaieté !

Maurice Becker

LES GLAIEULS

par S. MOTTET

Ancien chef des Cultures expérimentales de la Maison Vilmorin-Andrieux & Cie,
Publiciste horticole.

S. Mottet

Parmi les fleurs les plus estimées, à la fois pour l'ornement des jardins et pour celui de nos intérieurs, les Glaïeuls se placent au premier rang. Cette estime est justifiée par un ensemble de mérites qu'on ne retrouve peut-être pas aussi heureusement associés chez aucun autre genre de plantes ornementales.

La facilité de leur culture, l'ampleur de leurs fleurs et leur disposition en un long épi unilatéral, la richesse et la grande diversité de leur coloris, leur épanouissement successif, leur grande résistance à la chaleur, aux manipulations, à l'air sec des appartements, leur aptitude à fleurir dans l'eau, à rester frais et à s'épanouir jusqu'au dernier bouton, tout contribue à faire apprécier les Glaïeuls et à les cultiver de plus en plus largement.

Si nous ne pouvons retracer ici l'évolution des Glaïeuls à floraison estivale[1], tout au moins devons-nous rappeler, comme témoignage de la rapidité de leur amélioration, que le premier hybride, le *Gladiolus gandavensis,* remonte à 1840 seulement et qu'il existe encore dans les cultures sous sa forme typique. Il en est de même du *G. brenchleyensis*, obtenu en Angleterre, en 1860 et du Glaïeul *Surprise,* obtenu en France, par M. Mallet, avant 1860. Il est même intéressant de remarquer que ce petit Glaïeul est encore très cultivé en province et surtout que, dans ces dernières années, il s'est si bien adapté à la culture retardée, pratiquée dans la région niçoise, qu'on le voit maintenant en quantité durant les fêtes du Nouvel an à l'éventaire des fleuristes parisiens.

Si l'on songe que les premiers Glaïeuls parisiens font leur apparition en juin, grâce à une culture simplement avancée, que leur floraison s'échelonne jusqu'en novembre par des plantations successives d'avril en juin et

1. — Voir notes sur l'origine et l'évolution des Glaïeuls à floraison estivale. — S. Mottet, *Journal de la Société nationale d'Horticulture de France,* août 1922.

le choix de variétés, dont l'*Authonne* est la plus tardive[1], c'est pendant plus de six mois que l'on peut jouir de ces magnifiques fleurs.

Depuis l'obtention des premiers Glaïeuls de Gand précités, plusieurs races ont été créées, chacune à la suite de l'introduction d'espèces sud-africaines possédant des caractères nouveaux, et des milliers de variétés se sont succédé. Actuellement les races les plus cultivées sont :

Les *Glaïeuls de Gand,* qui furent grandement améliorés à Fontainebleau par feu Souchet et ses successeurs, les plus nombreux et les plus remarquables par leur stature, la longueur de leurs épis, l'ampleur de leurs fleurs et leur grand nombre (jusqu'à 8-10 s'épanouissant au même moment.

Les *Glaïeuls à grandes macules,* obtenus par M. Lemoine, aux fleurs plus petites et primitivement voûtées, mais parées de grosses macules foncées et parmi lesquels l'apparition du bleu violet fut aussi heureuse qu'inattendue.

Les *Glaïeuls de Nancy,* du même obtenteur, notables par leurs grandes fleurs largement ouvertes et leurs macules sablées rouge.

Les *G. hybrides de primulinus* qui se distinguent de leurs congénères par la gracilité de leurs hampes, leurs fleurs moyennes et légèrement casquées et surtout leurs tons chauds où les coccinés, orangés et saumonés dominent[1].

1. — *Glaïeul primulinus l'Authonne.* — S. Mottet, Revue horticole 1927, p. 633, fig. 241.

Bien qu'ils soient les derniers en date d'apparition (1908), leur popularité est aujourd'hui mondiale et telle qu'on les considère comme les Glaïeuls de l'avenir. Ils ont déjà déjà donné naissance, dans les cultures de la Maison Vilmorin, à une sous-race dite « Glaieuls vierges »[2], dépourvus de toute trace de rouge, même aux étamines, que présentent tous leurs congénères, blancs ou jaunes réputés les plus purs. Et le dernier mot est sans doute encore loin d'être dit.

Que seront, dans cent ans, ces magnifiques fleurs, si l'on songe que six ou sept décades seulement ont suffi pour les amener à leur degré actuel de perfection? Bien téméraire qui oserait le prédire. Mais il est à peu près certain qu'ils garderont, sinon toute leur vogue actuelle, tout au moins leur suprématie pour la fleur à couper.

1. — *Glaïeuls hybrides primulinus* — (Revue horticole, 1908, p. 8, fig. 1; 1913, p. 578, pl. color.; 1925, p. 314, pl. color.).

2. — *Glaïeuls hybrides de primulinus vierges.* — (S. Mottet, Journal de la Soc. nat. d'Hort. de France, 1923, septembre; 1927, août).

LES PLANTES VIVACES

par E. LAUMONNIER

Horticulteur-Grainier,

Secrétaire général de la Chambre syndicale des Marchands-grainiers français.

E. Laumonnier.

En 1829, les espèces de plantes vivaces connues étaient déjà très nombreuses, car de tout temps elles avaient contribué à la décoration des jardins; leur emploi était d'autant plus répandu qu'à cette époque elles n'avaient pas pour les concurrencer les nombreuses plantes molles et annuelles qui ont été depuis, introduites de leur pays d'origine.

La façon de les employer était alors toute différente de celle en honneur actuellement. Elles étaient ordinairement disposées, soit en isolés, soit en lignes, tandis que de nos jours, l'on en tire un bien meilleur parti en les réunissant en masses unicolores et irrégulières se faisant opposition entre elles.

En France, et en général là où l'esprit

latin domine, les préférences se sont longtemps manifestées en faveur du jardin de style régulier et des merveilles ont été réalisées dans ce sens.

Le jardin de style naturel en plantes vivaces en sera le complément, il servira de transition entre lui et la campagne environnante. Il est très en faveur dans les pays anglo-saxons, et les nombreux Français qui ont pu l'admirer en deviennent de fervents adeptes.

Dès 1910, l'on percevait déjà l'orientation du goût des amateurs vers les plantes vivaces et, en 1914, de nombreuses plantations existaient déjà en France.

Après la guerre, ce mouvement s'accentua; les difficultés de main-d'œuvre, la pénurie de charbon y contribuèrent beaucoup.

Les efforts soutenus des semeurs, nous dotèrent de variétés plus décoratives. Ils obtinrent des fleurs plus grandes, de nouveaux coloris, et des plantes de meilleure tenue.

Les genres de plantes vivaces décrits dans les catalogues sont très nombreux, mais pratiquement, tant pour la fleur coupée que pour l'établissement des jardins de plantes vivaces, l'on n'emploie guère qu'une trentaine de genres dont voici les principaux :

Aster, Anémone du Japon, Campanule, *Coreopsis*, *Delphinium*, Doronic, Erigeron, Gaillarde, Géranium, Gypsophile, *Helenium*, *Helianthus*, *Heuchera*, Iris, *Leucanthemum*, Lupin, Œillet Mignardise, Pavot, Phlox, Potentille, Pyrèthre, *Rudbeckia*, *Statice*, *Tritoma*, Verge d'Or, Violette, Véronique.

Les plantes vivaces se prêtent à de nombreux emplois; bordures herbacées, jardins de rocailles, jardins aquatiques, fleurs à couper, scènes marécageuses, décoration des sous-bois, plantation des vieux murs, des prairies fleuries, etc.

Le seul reproche que l'on pourrait leur faire, du moins à un certain nombre d'espèces, est de ne pas avoir une floraison continue pendant toute la belle saison ; mais en associant deux plantes dans la même tache, il est aisé de parer à cet inconvénient.

L'établissement d'une plantation de plantes vivaces demande de la part de celui qui en est chargé certaines connaissances ; elles doivent être très bien connues de lui afin qu'il les dispose dans de bonnes conditions, en tenant compte de leur mode de végétation, de leurs exigences de sol, de leur couleur et de leur hauteur. Il faudra surtout dans les associations de deux espèces dans la même tache, avoir soin de n'employer que des plantes compatibles entre elles et à floraison échelonnée.

Une fois établie, la plantation devra recevoir quelques soins, ne croyez pas que les plantes vivaces puissent s'en passer, elles demandent des arrosages, des binages, tuteurages, etc... Il est surtout indispensable d'enlever toutes les fleurs fanées; quelques espèces rabattues en temps utile, refleuriront à nouveau en arrière saison.

Les plantes vivaces sont si nombreuses et d'exigences si différentes qu'il est possible à un connaisseur d'en faire des plantations dans n'importe quelle situation, aussi bien en plaine, qu'en montagne ou au bord de la mer. Il en existe pour toutes les situations, la plantation une fois faite n'a pas besoin d'être renouvelée chaque année, les soins d'entretien se bornant à ceux que nous avons indiqués précédemment. Ces qualités ont contribué à les faire revenir à la mode, et nous sommes convaincus qu'elles trouveront dans l'avenir encore plus d'admirateurs qu'à l'heure présente.

Surtout colonisez sur vos pelouses de grandes masses d'ognons à fleurs, tels que Jacinthe des bois, Crocus, Perce-Neige, et surtout Narcisses dont la floraison égaiera les premiers jours ensoleillés du printemps : ils vous aideront à attendre celle des vraies plantes vivaces.

Laumonnier

LES ORCHIDÉES

par G. BULTEL
Jardinier-chef, au Château d'Armainvilliers

G. BULTEL.

Les Orchidées jouissent d'une vogue incontestée justement méritée; l'on peut s'en faire une idée lors de nos expositions horticoles, de printemps et d'automne en voyant le nombreux public s'extasier devant ces lots importants, présentés par nos horticulteurs spécialistes dans un salon spécialement aménagé. L'on y admire de véritables merveilles issues pour la plupart du travail opiniâtre de nos semeurs. Nombreux sont les profanes ne se doutant pas que certaines d'entre elles, hybrides au quatrième ou au cinquième degré, ont demandé à leurs obtenteurs vingt ans et même plus pour les obtenir. La beauté, le coloris, l'élégance, la forme de leurs fleurs si bizarres les imposent aux amateurs; aussi sont-elles représentées dans leurs cultures par un nombre important; plantes types importées des pays d'origine, mais surtout par des plantes hybrides dues à la perspicacité de nos orchidéistes, croisant intelligemment entre elles, des variétés étudiées, jugées aptes à donner des descendants méritants, parmi lesquels se trouveront des plantes d'élite. En croisant les hybrides à plusieurs degrés par des plantes types, les graines fertiles sont nombreuses, alors que bien souvent les croisements d'hybrides par hybrides donnent un pourcentage très grand de mauvaises graines, si ce n'est la totalité. Le temps est passé où l'on pollinisait au hasard, risquant ainsi d'obtenir des produits sans valeur commerciale, aussi onéreux à élever que ceux provenant d'un bon croisement. Nous insistons particulièrement sur ce point, car il ne faut pas oublier le nombre d'années écoulé partant du croisement d'une fleur à la première floraison de ses produits; par exemple, la maturité des graines du genre *Cattleya*, demande environ une année, la première floraison au minimum cinq, six et même sept ans; c'est pourquoi les prix élevés atteints par les Orchidées se trouvent entièrement justifiés; les frais généraux, matériel, chauffage, main-d'œuvre sont grands, et pendant ces longues années les recettes sont nulles. A vrai dire, c'est un obstacle à la vulgarisation plus grande de cette famille de plantes; pour longtemps encore malgré la production intensive atteinte aujourd'hui, elles resteront le privilège des classes favorisées : elles font toutefois, l'objet d'un commerce important de fleurs coupées, utilisées avec art par nos grands fleuristes, en des conceptions florales artistiques dans lesquelles aucune autre fleur ne pourrait rivaliser. Les espèces ou variétés le plus couramment employées : *Cattleya, Brasso-Cattleya, Lælio-Cattleya, Odontoglossum, Oncidium Rogersi, O. Marshallianum* et leurs hybrides, *Vanda cœrulea*, *Cymbidium, Cypripedium* sont très demandés.

La propagation de ces plantes par voie de semis était naguère réputée difficile, les résultats très inconstants; mais depuis, les récents progrès de la biologie végétale dont l'initiative revient à Noël Bernard, décédé prématurément, avant d'avoir achevé son œuvre, ont permis à ses émules d'obtenir en cultures aseptiques symbiotiques et asymbiotiques, un nombre si considérable de germinations d'Orchidées, qu'il leur est matériellement impossible de les cultiver toutes. Seules jusqu'ici, tout au moins à notre connaissance, les graines de *Cypripedium*, celles des Orchidées indigènes ne germent pas par cette méthode. En est-il de même de celles de *Lycaste*, *Zygopetalum* (etc.) non expérimentées?

De ces deux procédés nous pratiquons de préférence les cultures asymbiotiques, elles ne nécessitent pas de recherches préalables, alors que celles symbiotiques impliquent le prélèvement du champignon endophyte trouvé habituellement dans les racines d'Orchidées, et sa culture sur milieux aseptiques; en isoler les pelotons mycéliens ne présente pas de sérieuses difficultés, mais l'on ne peut savoir qu'après leur mise au contact des graines, si le champignon prélevé possède l'activité nécessaire pour les influencer et bien souvent elle est nulle. En ce cas, l'entreprise devient laborieuse, de nouvelles recherches sont obligatoires pour obtenir enfin le champignon désiré.

Et cependant ce champignon n'est pas indispensable; ne faisant rien qui lui soit particulier, il est dans les cultures asymbiotiques, facilement remplacé par un équivalent provoquant la germination des graines, aussi bien et mieux j'oserais dire qu'un bon champignon endophyte. Il suffit de prendre dans toutes les manipulations les plus grands soins aseptiques; ne semer que des graines pures sur des milieux gélosés sucrés, bien dosés et conséquemment riches en hydrate de carbone, pour voir germer en abondance toutes les espèces d'Orchidées signalées plus haut.

N'est-on pas autorisé, après ces faits datant de plusieurs années déjà, « nous en avons donné des exemples à l'Exposition Universelle du Centenaire de Pasteur, Strasbourg 1923 »; à penser que la présence du champignon dans les racines d'Orchidées, ne constitue pas un cas de symbiose? — Admise par certains botanistes notoires, et combattue par d'autres botanistes non moins notoires, cette question toute d'actualité, demandera encore un certain temps avant d'être élucidée. Seules, des expériences en cours, seront de nature, nous l'espérons du moins, à convaincre les plus irréductibles; mais ce sujet purement scientifique étant réservé pour l'avenir, nous revenons au présent pour conclure, en recommandant tout particulièrement les cultures asymbiotiques essentiellement pratiques, elles donneront toute satisfaction. Il suffit de vouloir et.. Vouloir c'est pouvoir...

Bultel

VIOLETTES ET PENSÉES

par M. ROUYER

Ingénieur horticole, Chef du Service de la multiplication au Muséum d'Histoire naturelle.

M. Rouyer.

Les Violettes et les Pensées ont depuis fort longtemps exercé une grande attraction sur l'attention des humains, il n'est pas un enfant qui n'ait recherché dans les buissons, les haies ou les taillis, les premières, que décelait leur suave prafum, ou, près des secondes, depuis le type ancestral jusqu'aux belles variétés du xxe siècle, ne s'extasiât devant leurs riches coloris. Plus tard l'adolescent était heureux de pouvoir offrir ou recevoir le joli bouquet odorant, messager discret de penchants naissants; le cottage du jeune ménage prend un air de fête à la floraison des bordures de Violettes et des corbeilles de Pensées, floraison qui grâce à certaines espèces n'est plus saisonnière, mais se prolonge pendant tous les beaux jours.

Ces plantes sont originaires du genre Viola, *V. odorata*, *V. tricolor*, *V. cornuta*. Nous laisserons de côté dans cette trop courte étude, les espèces botaniques, qui, bien que très jolies, n'ont pas été très modifiées par l'hybridation.

a) **Violette** odorante et **Violette** des quatre saisons.

V. odorata, plante indigène cultivée depuis 1542, a beaucoup été améliorée dans le but d'obtenir des races à fleurs plus grandes, simples ou doubles (1583), de coloris variés, parfumées, à longs pédoncules ou à feuilles à longs pétioles (il en existe même à feuillage panaché), à qualités spéciales pour la culture en pot, hâtée ou forcée. Les plus cultivées aujourd'hui sont :

Variétés à fleurs simples : *Baronne de Rothschild*, bleu à très long pédoncule, *Cœur d'Alsace*, rose solférino, long pédoncule, *Le Czar*, Cz. bleu, Cz. blanc, *Sulfurea*, jaune paille, *Welsiana*, violet.

V. à fleurs doubles : *Belle de Châtenay*, blanc ou bleu. *Double blanche*, *Double bleue*, *de Bruant*, double rose. *De Parme* (*Parme de Toulouse*, violet foncé), *Parme ordinaire* (la plus cultivée en pleine terre ou sous châssis), *Swanley White*, blanc très parfumée.

b) **Violette Pensée** ou Pensée à grande fleur.

Viola tricolor L., plante indigène, Europe, Asie, Amérique boréale. Était déjà cultivée en 1542, puis par suite de croisements avec *V. lutea*, etc., on a obtenu la Pensée de nos jardins.

Les semeurs ont, depuis le début du siècle, obtenu des fleurs à très grandes macules (Pensée à grandes macules) *Parisiennes*, race *Trimardeau*, race *Bugnot*, mais aussi des coloris uniques, presque purs et sans œil, blanc, bleu, jaune, violet foncé.

c) **Violette** *cornue*, *V. cornuta* L. et *Violette de Munby*, *V. gracilis* Sibth. et Sm. *V. Munbyana* Boiss. et Reut.

Ces plantes, surtout la première, sont connues depuis plus de cent cinquante ans (1776), mais les variétés à grandes fleurs sont récentes (1901), les fleurs sont plus petites que celles de la Pensée, ce défaut est compensé par une plus grande floribondité; depuis le printemps jusqu'aux gelées, les plantes se couvrent de fleurs qui arrivent à cacher le feuillage. Les sujets, vivaces aux yeux des botanistes, sont pour nous, fleuristes, nettement bisannuels, avantage pour les propriétaires à budget limité. Les fleurs sont à coloris uniques, blanc, bleu, jaune, etc.

La multiplication de ces plantes est très facile, par division des touffes, et utilisation des stolons toujours abondants, le semis n'est pas fidèle et sera employé pour les Pensées et *Viola cornuta*.

L'HORTENSIA

par Henri CAYEUX
Ingénieur horticole,
Directeur des Jardins et Promenades de la Ville du Havre.

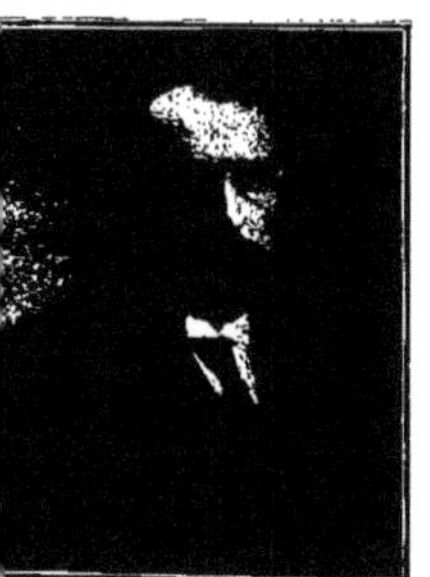

Henri Cayeux.

L'HORTENSIA est plus que jamais à l'ordre du jour, et la preuve nous en est donnée par la présence de ces magnifiques groupes tant admirés aux dernières expositions; aussi est-il devenu la plante [...]eurie à la mode et figure-t-il avec éclat, [...]ès le mois de mars, dans la plupart des compositions florales. De ce fait, sa culture a pris des proportions considérables, et c'est par centaines de mille qu'il est cultivé dans le but d'alimenter les marchés et les fleuristes pendant plusieurs mois de l'année.

Cette vogue provient de ce que cette plante a subi successivement des transformations profondes, grâce aux efforts persistants des semeurs qui, par leur travail intelligent et passionné, ont créé des variétés nouvelles, réunissant des caractères qui font de l'Hortensia une plante éminemment décorative, tant par ses magnifiques ombelles aux pédoncules rigides que par ses grandes fleurs aux coloris variés.

Il y a loin, en effet, depuis l'obtention des premières variétés en 1908 par M. Lemoine et en 1909 par M. Mouillère, aux récentes nouveautés qui ont figuré aux dernières expositions.

Parmi les principaux semeurs français, il convient de citer M. Lemoine, de Nancy, Mouillère, de Vendôme, Henri Cayeux, du Havre, Foucart et Chaubert, d'Orléans, et Barillet, de Tours.

Les efforts de ces obtenteurs semblent surtout s'orienter vers la production des plantes aux coloris vifs se rapprochant le plus possible du rouge, ainsi que sur le développement des fleurs, et la bonne tenue des inflorescences, dont certaines variétés comme *Le Cygne*, produisent des fleurs de 0m,10 et des inflorescences de 0m,40 de diamètre.

Depuis l'introduction du type à fleurs doubles *Domotoï* en 1920, plusieurs semeurs ont dirigé leurs recherches vers la production des variétés à fleurs doubles, dont quelques-unes ont déjà figuré à l'Exposition du Havre en 1926, et à Paris en 1928. En persévérant dans cette voie, il est possible que, dans peu d'années, l'Horticulture soit dotée d'un certain nombre de ces formes intéressantes dont la duplicature aura l'avantage de prolonger la floraison.

Les variétés cultivées commercialement sont nombreuses. Parmi les roses, roses carminés vifs ou rouges, on peut citer : *Beauté Havraise, Éclaireur, Étincelant, Emblème, Lilie Mouillère, La Marne, Maréchal Foch, Matador, Professeur Bois, Radiant, Rubis, Suzanne Cayeux, Splendens, Triomphe, Vicomtesse de Vibraye, Yvonne Cayeux*, etc., et *Victoire*, rose saumoné.

Parmi les blancs : *Amazone, Caprice, Ginette, Idéal, Le Cygne, Mme Mouillère, Neige Orléanaise*, etc...

Certaines variétés d'Hortensia sont soumises à des traitements spéciaux dans le but de provoquer le bleuissement, qui s'obtient par le rempotage avec de la terre ferrugineuse (terre d'Angers), ou bien par des arrosages avec certains produits comme blue colour, alun, cyanol, sulfate d'alumine, etc. Toutes les variétés roses ne sont pas susceptibles de bleuir.

Les plus cultivées dans ce but sont : *Étincelant, La Marne, Maréchal Foch, Mont rose, Radiant, Souvenir de Claire, Souvenir de Mme Chautard, Vicomtesse de Vibraye*, etc...

H. Cayeux

LES PLANTES ALPINES

par H. CORREVON

Floraire près Genève

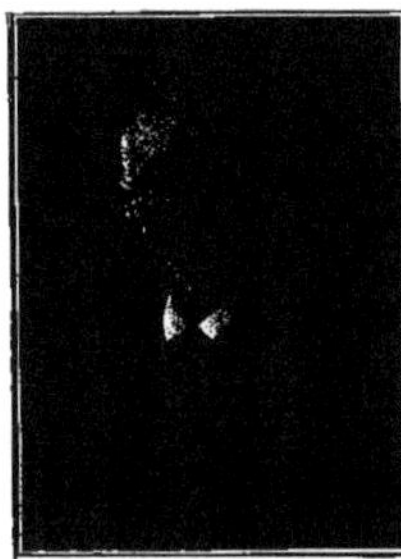

H. Correvon.

La *Revue horticole* a pris sa part dans la diffusion des connaissances concernant l'acclimatation des plantes alpines et leur introduction dans les jardins. Dès 1893, M. Ed. André demandait à l'auteur de ces lignes sa collaboration régulière pour ce sujet spécial et celui-ci est heureux d'apporter son petit caillou à l'édifice qu'on construit en l'honneur du centenaire de la *Revue*.

Le culte des plantes alpines ne date pas d'hier. Parkinson, à la fin du XVIe siècle, énumère déjà quelques espèces que l'on rapportait de Suisse et que l'on cultivait dans les jardins (*Gentiana acaulis, asclepiadea* et *lutea, Primula Auricula*, etc.). L'horticulture anglaise avait déjà, au commencement du XIXe siècle, des catalogues contenant quelques alpines et M. Van Houtte à Gand, dès 1845, offrait certaines espèces montagnardes que Lemaire décrivait dans la « Flore des serres ».

Le botaniste genevois E. Boissier, dès 1845, rapporta de ses voyages en Espagne et en Orient, un grand nombre de plantes qu'il cultivait dans son jardin composé de terrasses avec rochers spécialement destinés aux plantes saxatiles et cela à titre de documentation pour ses ouvrages et principalement pour le « Flora Orientalis ». Le Professeur Kerner, à Insbrück, imita les cultures de Boissier et établit dans son jardin botanique dès 1865, des rochers qui représentaient les Alpes tyroliennes et contenaient leur flore.

Dans son grand ouvrage « Les Fleurs de pleine terre », la maison Vilmorin mentionna d'emblée un certain nombre de plantes des montagnes et Verlot, chef de l'École de botanique au Muséum, publia, il y a soixante ans, un volume richement illustré sur la flore alpine. Son frère, directeur du Jardin des Plantes de Grenoble, établit vers cette époque des rocailles destinées à la flore des Alpes dauphinoises : celles-ci viennent d'être restaurées et j'ai pu y admirer l'année dernière un merveilleux tapis de la plus belle des Gentianes, le *G. angustifolia* qu'on nomme aussi la « Gloire des Alpes dauphinoises » et qui descend jusqu'à 5 kilomètres de la cité de Bayard.

Dans le domaine plus spécial de l'Horticulture, chez nous tout au moins, il n'y a guère que cinquante ans qu'on trouve des plantes alpines dans le commerce. Le premier catalogue qui leur a été spécialement destiné est sans doute celui que nous avons publié en 1877 et qui fit dire à cet aimable frondeur qu'était Viviand-Morel : « Jardin alpin : herbe à lapins ». A Lyon même il y a un bel alpinéum au Parc de la Tête-d'Or et je suppose que c'est au Suisse Bühler, créateur de ce parc, qu'on en doit l'idée : car il fut le premier à Paris à établir des lieux pittoresques et rocheux dans ses créations et à y introduire les plantes alpines.

En 1880, j'avais admiré chez lui, au centre de la Métropole, des touffes de *Rhododendron* des Alpes, de Cypripèdes, de Cyclamens et autres plantes alpines aussi prospères que celles que je venais de rencontrer sur les montagnes. A l'heure actuelle, les plantes alpines ont acquis droit de cité et un grand nombre d'écoles d'Horticulture ont un enseignement spécial sur cette culture-là.

Il y a lieu de citer ici le bel alpinéum de Verrières auquel le cher Philippe de Vilmorin avait consacré tant de soins et dont les belles collections sont entretenues « con amore » par M. Meunissier. Mme Daigremont ne m'en voudra, puisque notre amitié remonte à plus de cinquante ans, de citer sa riche collection de Soisy ; je voudrais aussi rappeler que j'ai admiré, en 1885, à la rue de la Tour-d'Auvergne, au centre même de Paris, une petite rocaille établie en front de rue et contenant une collection d'alpines bien intéressante.

A l'heure actuelle, ces cultures sont à l'ordre du jour et il n'est plus guère d'exposition horticole qui n'ait sa partie pittoresque destinée aux plantes alpines. Cela provient sans doute du développement qu'a pris l'alpinisme et du fait que la montagne devient chaque jour plus accessible et plus fréquentée. Dans tous les pays, et même sur les bords de la Méditerranée, des efforts sont faits pour introduire dans le cadre de nos jardins modernes cette très vieille chose qui s'appelle les plantes des montagnes. Des hauteurs descend une vague de poésie, contrepoids nécessaire à nos agitations citadines et il est à désirer que de plus en plus la flore des montagnes ait sa place dans notre vie journalière.

Une liste des plantes recommandables serait trop longue à établir ici. Qu'il me suffise de dire que dans les pays maritimes et humides la plupart des plantes alpines sont de culture plutôt aisée, alors que dans les climats continentaux elle exige plus de soins. L'usage du sphagnum et de la tourbe ainsi que des roches brisées sont à recommander pour maintenir la fraîcheur du sol.

H. Correvon

LES LILAS

Par Émile LEMOINE

Licencié ès sciences, Horticulteur.

Emile Lemoine.

Les rédacteurs en chef de la *Revue* ont eu l'amabilité de me demander quelques notes sur les Lilas, considérés au point de vue de la mode actuelle. Les Lilas auraient difficilement une prétention au modernisme, car leur nom seul évoque un vague parfum d'archaïsme. Depuis de longues années on les voit cultivés dans presque tous les jardins, comme aux abords des habitations et des rues.

On peut même ajouter qu'en général leurs modestes inflorescences, provenant d'antiques sortes, ou même de semis plantés au hasard ne donnent qu'une faible idée de la beauté qu'on pourrait réaliser en faisant appel aux variétés modernes. Et dans le même ordre d'idées, il y aurait lieu, pour les professionnels, de pratiquer des coupes sombres dans leurs collections si encombrées, puisqu'on compte, dans le catalogue de tel grand pépiniériste d'Orléans, plus de soixante-dix variétés du Lilas commun. Des plantes qui, il y a vingt ou trente ans, étaient des nouveautés d'un certain mérite, parce qu'elles présentaient des progrès appréciables, sont tellement dépassées par les nouveautés d'aujourd'hui, qu'elles doivent faire place à celles-ci.

Le semeur de Lilas s'est attaché à produire des variétés plus florifères, aux thyrses plus amples, mieux formés, aux fleurs plus grandes, plus régulières, plus artistiques, à étendre la gamme des couleurs, en recherchant surtout les plus rares, en s'acheminant peu à peu vers le bleu, vers le violet, vers le rouge, vers le rose; il a fixé son choix sur des variétés très précoces (*Lamartine* fleurit souvent dans l'Est dès le 15 avril) et sur des variétés particulièrement tardives (certaines ont encore toute leur fraîcheur à la fin de mai). Enfin, profitant des merveilleuses introductions chinoises du célèbre E. H. Wilson, il peut faire appel à nombre d'espèces développant leur brillante floraison dans les premiers jours de juin.

Si quelques anciennes variétés comme *Jacques Callot*, *Marie Legraye*, *Macrostachya*, *Mme Lemoine* justifient encore leur vieille réputation, il en est d'autres, moins connues, car plus nouvelles, que nous nous permettons de recommander tout particulièrement :

Et d'abord, parmi les simples, *Vestale* et *Mont Blanc* dans les blancs; *Lamartine*, *Maréchal Foch*, dans les nuances mauves et rosées, *Marceau*, *Masséna*, *Etna*, *Capitaine Baltet*, dans les tons rouges ou carminés, *Decaisne*, *Cavour*, *Maurice Barrès*, *Crépuscule*, dans les bleuâtres.

Parmi les Lilas doubles : *Edith Cavell*, *Miss Ellen Willmott*, blancs; *Victor Lemoine*, *Montaigne*. *Président Fallières*, *Paul Deschanel*, *Capitaine Perrault*, dans les tons clairs, mauves et rosés; *Katharine Havemeyer*, *Olivier de Serres*, *Président Poincaré* dans les lilas plus ou moins vifs; *Mme Edward Harding*, *Paul Thirion*, *Général Pershing* dans les rouges et les violets.

Et si, quittant les Lilas communs, nous abordons les espèces et variétés tardives, nous préconiserons la plantation des *Syringa Wilsonii*, *Adamiana*, *reflexa*, *Komarowii*, *Sweginzowii superba*, *Lutèce*, *Floréal*, et la liste n'est pas épuisée.

Si les Lilas sont populaires en France, comme dans toute l'Europe, c'est aux États-Unis, où ils réussissent merveilleusement, grâce à des hivers très froids et à des étés très chauds, qu'ils provoquent le plus grand enthousiasme. Les importantes collections de *Syringa* de l'Arnold Arboretum, près de Boston, et des parcs publics de Rochester, font tous les ans, au printemps, l'admiration de milliers de visiteurs.

E. Lemoine

LES CACTÉES ET LES PLANTES GRASSES

par E. THIÉBAUT

Marchand-grainier, horticulteur,
Trésorier-adjoint de la Société nationale d'Horticulture.

E. THIÉBAUT.

Les Cactées et les plantes grasses qui eurent, il y a une centaine d'années, une vogue d'assez longue durée et qui étaient peu à peu presque tombées dans l'oubli, sont de nouveau en 1929 revenues à la mode et figurent parmi les plantes qui attirent le plus en ce moment l'attention de nos contemporains.

Nous discernons au renouveau du goût qu'obtiennent ces curieuses plantes, un certain nombre de raisons.

Le grand public qui les voyait pour la première fois ces dernières années a d'abord été étonné, surpris et malgré tout intéressé par la multiplicité de leurs formes originales et parfois véritablement extraordinaires et monstrueuses comme il s'en trouve chez les *Cephalocereus*, les *Astrophytum*, les *Echinocactus*, les *Mamillaria*. Il a admiré, aux époques de floraison, la grandeur, la délicatesse de coloris, la beauté de leurs fleurs, surtout chez les *Cereus*, *Echinocereus*, *Echinocactus*, *Echinopsis*, *Opuntia* et *Phyllocactus* qui fleurissent abondamment en serre froide ou tempérée, et en pleine terre sur la Côte d'Azur où l'on en voit de magnifiques exemplaires.

Ce public, qui avait commencé à être un peu étonné, sceptique même, s'est intéressé en apprenant que ces plantes curieuses pouvaient contribuer à l'ornementation de nos appartements, où elles ne demandent d'autres soins que d'être placées le plus près possible de la lumière du jour et d'être maintenues l'hiver dans un état complet de sécheresse et éloignées des courants d'air.

Dès le mois d'avril, dès que commence la végétation, il faut les arroser, modérément, jusqu'à l'automne.

Des artistes décorateurs ont compris rapidement que les Cactées étaient le complément indispensable de nos appartements modernes où certaines variétés très décoratives par la forme et la coloration très diverses de leurs tiges et de leurs épines (*Echinocactus Grüsonii*, *Pilocereus senilis*, *Opuntia tomentosa* et *O. tunicata*, *Cereus perluscens*, etc. etc. mettaient en valeur les tons des bois employés aujourd'hui.

On a pu voir, lors d'une exposition organisée en décembre dernier par une grande maison de décoration du quartier des Champs-Élysées, les Cactées, figurer en nombre imposant et vraiment bien à leur place dans l'ornementation de galeries et de studios. On remarquait parmi les plus décoratifs, les *Cereus validus* et *Jamacaru*, les *Opuntia subulata*, *Cmanchica* et *leucotricha*.

Echinocactus denudatus.

Les fleuristes en ont trouvé un emploi heureux dans certaines de leurs compositions et ont de leur côté contribué à les mettre en valeur.

Cereus giganteus.

Mais ce sont surtout les amateurs, moins nombreux certes que dans les pays d'Europe centrale et surtout les pays Scandinaves où on en peut voir, presque chez chaque habitant de belles collections entre les parois des doubles fenêtres usitées dans ces régions, qui ont aidé à les faire aimer et mieux connaître.

En effet, ici comme ailleurs, depuis le modeste amateur qui ne possède qu'une douzaine de Cactées achetées chez un fleuriste, jusqu'au grand collectionneur qui en a réuni plusieurs centaines de variétés, obtenu des formes nouvelles par de patientes hybridations, greffé sur des espèces robustes certaines variétés délicates tous sont enthousiastes et si la joie qu'ils éprouvent devant le développement des jeunes semis qui se caractérisent peu à peu, devant l'épanouissement de floraisons inconnues sous notre climat, si cette joie est grande, ils n'éprouvent pas un moindre plaisir, à faire connaître autour d'eux leurs trésors, objet de leur sollicitude et de leur admiration.

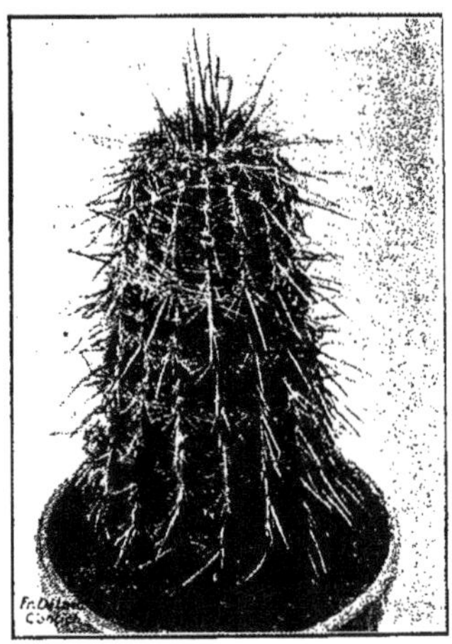

Echinocereus chloranthus.

LES ARBRES NAINS JAPONAIS

par CHARLES-WEISS

Horticulteur

CHARLES-WEISS

La culture très ancienne des arbres nains du Japon n'est connue en France que depuis peu de temps. L'une des premières collections a été apportée par le Mikado pour l'exposition universelle de 1900.

Cette collection, bien que splendide, ne ut goûtée que par quelques connaisseurs, iches amateurs d'art extrême-oriental. Les rbres nains japonais étaient peu connus want guerre, le goût de ces petites mereilles n'a commencé à se répandre que lepuis quelques années.

Qu'il nous soit permis de dire que ce ésultat a été en grande partie obtenu râce à nos efforts; en 1920, nous avions léjà compris tout le charme contenu dans :es arbres nains, et nous avons ressenti la oie de les contempler et d'évoquer, en regarlant ces diminutions de nature, les sites imés de nos bois et de nos campagnes. Nous ivons communiqué à nos premiers lients nos sentiments, leur attrait été si bien compris, qu'il n'est uère de joli salon où leur place ie se soit imposée.

Les arbres nains japonais les plus ourants sont : d'abord le *Thuya btusa*, le plus répandu; ensuite e *Pinus pentaphylla* et le *Junipeus procumbens*, parmi les Conifèes. Dans les arbres à feuillage aduc, les Erables et les Glycines ont le plus en vogue.

Le succès des arbres nains importés du Japon, et des compositions de paysages miniature a été si complet, que l'imitation est née, et offre la copie plus ou moins fidèle de scènes japonaises faites avec des produits de pépinières mal venus, et sans valeur artistique. Il est de notre devoir de mettre en garde les amateurs, sur les inconvénients résultant du manque de solidité de ces plantes retirées de la pleine terre, pour être brutalement introduites dans les appartements! Les arbres nains authentiquement originaires du Japon, sont d'une très grande rusticité, parce qu'ils ont subi une culture rationnelle en pots. Nous en connaissons qui, achetés en 1900, sont actuellement de magnifiques sujets.

Les jardins japonais ne sont pas tous des jardinets que l'on pose sur la table, l'architecture nipponne des jardins a composé de délicieux groupements où les arbres, les plantes et les pierres, forment de saisissants tableaux dont la place s'impose dans nos beaux jardins de France.

La mode, dit-on, est fugace! Nous ne le croyons pas, tout au moins en ce qui concerne les plantes, car nous retrouvons toujours les vieilles espèces jadis en honneur.

Arbres nains japonais : à gauche, *Thuya obtusa* âgé de 60 ans (40 cm. haut); à droite, *Pinus pentaphylla* (50 ans, 35 cm. haut).

Nous pensons donc que le succès des arbres nains japonais sera durable. Le type connu du petit paysage planté d'un ou deux arbres nains, au jardin classiquement accidenté, sera d'ailleurs sous peu complété par le jardin japonais moderne, conçu par des artistes japonais et qui sera planté avec des arbustes dont la rusticité dans les appartements, est reconnue très grande. Parmi ces plantes nous verrons : des Palmiers nains, des Cactées et plantes grasses, de toutes formes de toutes dimensions et à floraisons très variées. Le succès de ces jardins, sera certainement très grand, parce qu'ils apporteront des plantes d'aspect moderne, présentées dans une scène moderne, pour nos appartements modernes!

Charles - Wi

Juniperus procumbens nanisé âgé de 100 ans.

UNE SOCIÉTÉ CENTENAIRE

LA SOCIÉTÉ NATIONALE D'HORTICULTURE

Créée en 1827, la Société nationale d'Horticulture de France n'a que deux années de plus que la *Revue horticole.* Elle est donc contemporaine de notre journal. La plupart de nos collaborateurs ont appartenu à cette vieille et puissante Société qui a joué un rôle considérable dans le développement de l'Horticulture en France. Son premier président, le vicomte Héricart de Thury a compté parmi nos collaborateurs du début; les meilleures relations ont toujours existé entre elle et le principal journal d'Horticulture de France. Pour ces diverses raisons, nous tenons à associer à notre centenaire la Société nationale d'Horticulture. à retracer brièvement son histoire et à publier les portraits de tous ses présidents, depuis 1827 jusqu'à 1929.

M. Fernand David.
Président de la Société nationale d'Horticulture de France en 1929.

Le 16 juin 1827, des horticulteurs, des savants, des propriétaires se réunissaient pour jeter les bases d'une société d'Horticulture, celle-ci fut définitivement constituée le 6 juillet suivant et prit le nom de *Société d'Horticulture de Paris.* Au cours de sa longue existence, en traversant les divers régimes politiques, la Société a bien des fois changé de nom; ce n'est qu'à partir de 1885 qu'elle a pris celui de « Société nationale d'Horticulture de France ».

Depuis sa fondation, la Société a eu à sa tête, comme présidents, des hommes célèbres. En voici la liste complète, dans l'ordre chronologique :

Vicomte Héricart de Thury (1827 à 1852). — Président fondateur, ingénieur, membre libre de l'Académie des Sciences.

Payen (1853 à 1854). — Chimiste, membre de l'Académie des Sciences.

Duc de Morny (1855 à 1864). — Ministre de l'Intérieur, Président du Corps législatif.

Maréchal Vaillant (1865 à 1872). — Membre libre de l'Académie des Sciences.

Adolphe Brongniart (1873 à 1875). — Professeur de Botanique au Muséum, membre de l'Académie des Sciences.

Duc Decazes (1876 à 1879). — Ministre des Affaires étrangères.

Alphonse Lavallée (1880 à 1884). — Propriétaire de l'Arboretum de Segrez.

Léon Say (1885 à 1896). — Économiste, ministre des Finances, membre de l'Académie française.

Albert Viger (1897-1925). — Docteur en médecine, ancien ministre de l'Agriculture.

Fernand David (depuis 1926). — Président en fonction en 1929. Avocat, ancien ministre, sénateur de la Haute-Savoie.

A eux seuls, le vicomte Héricart de Thury (25 années de présidence) et Albert

Viger (28 années) ont exercé la présidence de la Société pendant plus d'un demi-siècle.

Lors de la création, l'organisation de la Société avait été si bien comprise que les bases adoptées sont encore celles de la Société actuelle. Elle comprenait une série de Comités ayant des attributions bien définies; elle encourageait l'Horticulture par l'attribution de prix, en prenant l'initiative d'expositions ; elle publia un recueil mensuel intitulé » Annales de la Société d'Horticulture de Paris ». Son siège social se trouvait non loin de l'Église Saint-Germain-des-Prés, dans un immeuble de la rue Taranne, où elle occupait deux modestes pièces.

L'un des moyens par lesquels la Société put, avec juste raison, concourir largement au progrès de l'Horticulture, lit-on dans l'Aperçu historique, paru en 1900, « fut la publication d'un recueil mensuel intitulé : *Annales de la Société d'Horticulture de Paris et Journal spécial de l'état et des progrès du jardinage*, lequel, en rendant compte des actes de la Société devait aussi suivre les perfectionnements du jardinage à l'étranger, afin de les faire connaître en France ».

Les *Annales* devaient comprendre en outre, d'après le programme établi par les fondateurs de la Société : « des notes sur les applications des sciences physiques et naturelles à la composition, à l'emploi des sols et aux modifications que l'on peut leur faire subir ; ces mêmes applications à la connaissance de la physiologie et des maladies des plantes, à celle de l'action des différents agents naturels sur les végétaux ; les théories et les observations relatives à l'acclimatation des plantes, à leur multiplication par la voie du semis, du marcottage, du bouturage, du greffage, etc. ; les descriptions d'instruments, de machines, de constructions de tout genre, nouvelles ou peu connues ; l'indication des meilleures opérations de culture, des procédés employés pour accélérer ou retarder la végétation, pour conserver les plantes ou leurs produits, de la direction et de l'aménagement qui doivent présider à la culture des jardins, de la tenue des registres de culture et de comptabilité, etc. » Ce programme était, on le voit, très étendu.

Pendant un siècle, la Société nationale d'Horticulture de France, installée depuis 1860 dans son hôtel du 84, de la rue de Grenelle, a puissamment contribué aux progrès de l'Horticulture de notre pays. Par l'activité de ses divers comités ; par ses expositions; par ses congrès ; par l'appui qu'elle a donné aux autres groupements professionnels, ainsi qu'aux sociétés des départements ; par la participation prise par ses membres, et sous son égide, aux grandes expositions internationales étrangères; par ses encouragements aux horticulteurs, aux jardiniers, aux amateurs. aux auteurs d'ouvrages horticoles, la Société nationale d'Horticulture a exercé une influence énorme sur l'évolution de l'Horticulture au triple point de vue technique, scientifique et artistique. Son journal mensuel, qui porte aujourd'hui le nom de « Bulletin », riche en mémoires originaux, répand depuis plus de cent ans, en France et à travers le monde, les découvertes faites dans le domaine de l'Horticulture et des Sciences qui s'y rattachent. Sa superbe bibliothèque contient de nombreux ouvrages spéciaux, anciens et nouveaux.

A la fin de 1913, la Société, alors à son apogée, comptait 5.114 membres titulaires. La guerre européenne et la crise économique qui a suivi ont désorganisé et profondément atteint la Société; en 1919, elle avait perdu le tiers de son effectif d'avant-guerre. Elle a résisté victorieusement à l'épreuve. Elle s'est reconstituée ; elle a repris ses réunions bi-mensuelles, ses concours spéciaux en séance, ses expositions de printemps et d'automne; le nombre de ses membres n'a cessé de s'accroître pour atteindre, au 31 décembre 1928, un total de 4.589.

La Société nationale d'Horticulture de France répartit ses travaux entre 15 Comités et Sections dont les attributions spéciales sont définies comme suit :

1° Comité d'Arboriculture fruitière, s'occupant des arbres et arbrisseaux fruitiers, en culture ordinaire ou forcée.

2° Comité de Culture potagère, s'occupant de toutes les plantes potagères, en culture ordinaire ou forcée.

3° Comité d'Arboriculture d'ornement et forestière, s'occupant des végétaux ligneux de plein air, en culture ordinaire ou forcée.

4° Comité de Floriculture, ayant dans ses attributions la culture des végétaux d'agrément de plein air ou de serre, à l'exception des Orchidées, des Chrysanthèmes et des Dahlias.

5° Comité des Orchidées, auquel sont soumis exclusivement tous les produits se rattachant spécialement à cette famille de plantes.

6° Comité de l'Art des jardins, s'occupant de tout ce qui se rapporte à création des parcs et jardins.

7° Comité de l'Art floral s'occupant de tout ce qui a trait à l'art délicat du fleuriste.

8° Comité des Industries horticoles, s'occupant spécialement de toutes les industries ayant un rapport direct avec l'Horticulture.

Vte Héricart de Thury.

Payen.

Duc de Morny.

Maréchal Vaillant.

Adolphe Brongniart.

Duc Decazes.

Alphonse Lavallée.

Léon Say.

Albert Viger.

9° Section de Pomologie à laquelle sont soumis spécialement les fruits nouveaux.

10° Section du Chrysanthème qui s'occupe spécialement de l'étude de cette plante.

11° Section du Dahlia qui s'intéresse particulièrement à tout ce qui touche ce genre si décoratif.

12° Section des Roses, dont les attributions comportent l'étude spéciale des Roses et de leur culture.

13° Section des Études scientifiques, s'occupant de l'application à l'Horticulture des sciences physiques et naturelles.

14° Section des Beaux-Arts, groupant les artistes qui, dans leurs œuvres, reproduisent spécialement les plantes.

15° Section des Études économiques s'occupant des questions d'économie sociale, d'économie commerciale et de législation.

Les séances ont lieu les 2e et 4e jeudis de chaque mois, dans l'après-midi. A ces séances sont présentés, dans les divers Comités, les plantes nouvelles, les fruits nouveaux ou des spécimens de belle culture. A des dates fixées à l'avance ont lieu des concours spéciaux en séance, véritables expositions portant sur des plantes dont l'époque de floraison ne coïncide pas avec les deux expositions de printemps et d'automne. Très souvent, des conférences (avec ou sans projections), sont faites sur la culture des plantes, la lutte contre les insectes et les maladies, la taille des arbres fruitiers et des arbustes d'ornement, etc.

Pour faire partie de la Société nationale d'Horticulture, les candidats doivent être présentés par deux sociétaires. La cotisation annuelle des membres titulaires est de 30 francs. La carte de membre de la Société donne le droit d'assister aux séances et d'entrer gratuitement aux Expositions d'Horticulture de Paris, seul ou accompagné d'une personne n'appartenant pas à la Société. Les sociétaires reçoivent régulièrement le *Bulletin* mensuel qui relate les actes de la Société et contient des articles techniques d'Horticulture, des mémoires, les comptes-rendus des Congrès. Ils ont la possibilité de se procurer, à des prix très modérés, les ouvrages techniques suivants : *Les meilleurs fruits au XXe siècle ; Les plus belles Roses au début du XXe siècle*, les *Iris*.

Les expositions, qui ont lieu en mai et en novembre, ont toujours un grand éclat et sont considérées, à juste titre, comme des solennités mondaines. Des conférences-promenades sont faites pendant leur durée en vue d'appeler l'attention des visiteurs sur les choses les plus remarquables. Ce bref exposé montre que toutes les personnes qui ont le goût du jardinage trouvent à la Société nationale d'Horticulture de grandes facilités pour étendre le champ de leurs connaissances.

Pour terminer cette note sur la grande Société française d'Horticulture, nous ne saurions mieux faire que de publier les lignes suivantes par lesquelles notre collaborateur M. A. Guillaumin, terminait, en 1927 (année du centenaire de la Société) son intéressant aperçu historique :

« Après un siècle d'existence, la Société peut regarder avec fierté son œuvre ; elle groupe autour d'elle toutes les Sociétés d'Horticulture de France et des Colonies, étant bien, à ce titre « nationale » ; elle a fait de ses expositions des manifestations où se coudoient modestes ouvriers ou employés et aristocratie mondaine ; elle a fait briller partout et toujours le bon goût français ; elle a maintenu une saine émulation chez les professionnels et les amateurs et fait pénétrer dans la pratique horticole les données de la science moderne; s'adaptant aux circonstances, elle s'est efforcée de développer les groupements coopératifs, d'organiser rationnellement la production, le transport et la vente des produits agricoles et de suppléer par l'emploi de machines à la main-d'œuvre défaillante. »

Nous faisons nôtres ces conclusions. Le glorieux passé de la Société nationale d'Horticulture fait bien augurer de l'œuvre qu'elle accomplira dans l'avenir pour le plus grand bien de l'Horticulture et du pays.

F. Lesourd.

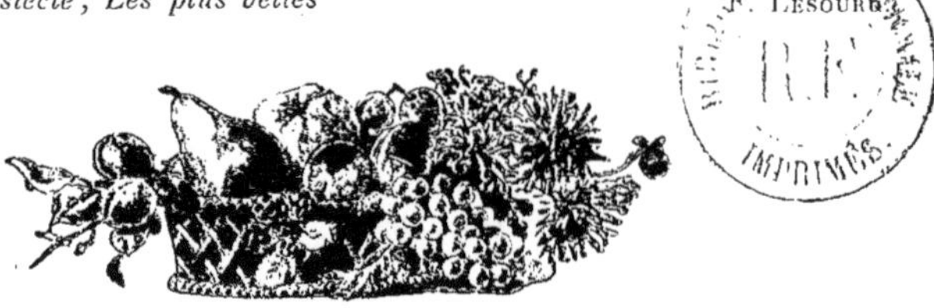

GIANNINO GIANNINI, Horticulteur
à PISTOIA (Italie)

Grande culture de plantes : Fruitiers — Conifères en sujets très forts — Arbres et arbustes d'ornement — Culture spéciale de : Mûrier, Magnolia grandiflora, Laurus nobilis — Quercus ilex.

— ***Catalogue franco sur demande*** —

LA PLUS BELLE COLLECTION

D'ŒILLETS GÉANTS DE NICE

BOUTURES RACINÉES LIVRABLES A PARTIR DU 15 AVRIL

Demander le Catalogue illustré

BONFILS André, Œilletiste, 11, rue de l'Hôtel-des-Postes - **NICE**

TROIS FOIS GRAND PRIX DU PRÉSIDENT DE LA RÉPUBLIQUE

TYP. FIRMIN-DIDOT & Cie. — MESNIL. — 1929.

ÉDITÉ PAR

LA LIBRAIRIE AGRICOLE

DE LA MAISON RUSTIQUE

26, RUE JACOB,

PARIS (VIe)

www.ingramcontent.com/pod-product-compliance
Ingram Content Group UK Ltd.
Pitfield, Milton Keynes, MK11 3LW, UK
UKHW020152220726
13923UKWH00001B/491

9 782329 037295